国家自然科学基金重点项目(51934004)资助
国家自然科学基金面上项目(52174192)资助
山东省优秀青年科学基金项目(ZR2021YQ37)资助

煤体脉动压裂微观结构损伤与增透机制

倪冠华　王　镇　贾济亮　著

中国矿业大学出版社
·徐州·

内 容 简 介

本书主要针对我国深部煤层微孔隙、低渗透率、高吸附性的特征,致使瓦斯抽采困难、抽采效果不佳等问题,系统阐述了煤体脉动压裂微细观结构损伤及增透机制。本书揭示了脉动压裂作用下煤体微观孔隙损伤特性、瓦斯解吸及扩散动力学特性、煤体液相滞留效应及解除机制,阐明了煤中矿物吸湿膨胀影响渗透率动态演化规律、高压钻孔密封失效机制及增效方法,研发了解除液相滞留效应的清洁压裂液、基于延迟膨胀的高压钻孔密封材料,从脉动压裂技术参量、压裂液性能及高压钻孔密封材料的角度优化了脉动水力压裂技术,为深部高瓦斯低渗透煤层的二次强化增透和瓦斯的持续高效抽采提供了可靠的理论和技术支撑。

本书适合煤矿安全生产、瓦斯防治、粉尘防治等领域的工程技术人员和管理人员使用,也可作为高校安全工程、采矿工程等专业的教学用书。

图书在版编目(C I P)数据

煤体脉动压裂微观结构损伤与增透机制/倪冠华,
王镇,贾济亮著. —徐州:中国矿业大学出版社,
2023.9

ISBN 978 - 7 - 5646 - 5670 - 6

Ⅰ. ①煤… Ⅱ. ①倪… ②王… ③贾… Ⅲ. ①煤矿—
水力压裂 Ⅳ. ①TD742

中国版本图书馆 CIP 数据核字(2022)第 239137 号

书 名	煤体脉动压裂微观结构损伤与增透机制
著 者	倪冠华 王 镇 贾济亮
责任编辑	黄本斌 马跃龙
出版发行	中国矿业大学出版社有限责任公司
	(江苏省徐州市解放南路 邮编 221008)
营销热线	(0516)83885370 83884103
出版服务	(0516)83995789 83884920
网 址	http://www.cumtp.com E-mail:cumtpvip@cumtp.com
印 刷	苏州市古得堡数码印刷有限公司
开 本	787 mm×1092 mm 1/16 **印张** 11.75 **字数** 230 千字
版次印次	2023 年 9 月第 1 版 2023 年 9 月第 1 次印刷
定 价	48.00 元

(图书出现印装质量问题,本社负责调换)

前　　言

我国煤矿中 70% 左右的高瓦斯突出煤层具有微孔隙、低渗透率、高吸附性的特征,导致大部分煤层抽采困难,瓦斯灾害严重。水力压裂是提高煤层瓦斯抽采效率的有效技术措施之一,但是现有水力压裂技术效果不稳定,存在卸压不充分等现象。脉动水力压裂是在常规水力压裂的基础上旨在提高煤层卸压增透效果的新技术。但是,缺乏对煤层瓦斯解吸、扩散等微观动力学特性、脉动压裂液滞留效应机制等方面的深入探讨,影响了该技术的进一步推广和应用。

本书采用理论分析、实验室实验、数值拟合等方法,深入研究了脉动压裂过程中脉动波作用煤体微细观损伤特性、瓦斯微观动力学特性及液相滞留机制,阐明了煤中矿物吸湿膨胀影响渗透率动态演化规律、高压钻孔密封失效机制及增效方法,研发了解除液相滞留效应的清洁压裂液、基于延迟膨胀的高压钻孔密封材料,并优化了脉动水力压裂关键技术参数及工艺。

采用压汞法、液氮吸附法,增大了煤的孔径测试范围,对脉动波作用煤的孔隙度、孔径分布等变化特性进行定量分析;结合环境扫描电镜测试和能量色散谱仪测试,研究煤样表面各种矿物质迁移变化规律。建立基于脉动水力压裂的瓦斯解吸实验系统,探讨脉动压裂过程中瓦斯解吸动力学特性,分析脉动压裂协同控制条件下,前期置换-驱替瓦斯特性、后期瓦斯自然解吸特性,综合分析脉动压裂影响瓦斯解吸效果。运用基于第三类边界条件下的瓦斯扩散动力学模型,分析了脉动参量协同控制条件下瓦斯扩散动力学特性;揭示了脉动压裂液滞留效应的两大原因和五大因素。

在多孔介质有效应力中引入吸湿膨胀产生的膨胀应力,进一步推导得到考虑吸湿膨胀的煤体渗透率动态演化模型,考察在不同围压和不同吸湿膨胀系数下,煤样渗透特性演化规律。通过对煤体吸湿膨胀的研究丰富了脉动水力压裂过程煤体渗透性研究的理论和方法。从钻孔密封原理、抽采钻孔漏气等关键问题的角度,研究了高压钻孔密封失效机制,提出了钻孔密封材料增效方法,研发了解除液相滞留效应的清洁压裂液、基于延迟膨胀的高压钻孔密封材料,从脉动压裂技术参量、压裂液性能及高压钻孔密封材料的角度,优化了脉动水力压裂技术。

本书研究成果已在山东、山西、陕西等省的典型矿井工作面进行了工程实践,取得了良好的应用效果,有助于我国矿山安全生产的科技进步,在矿井瓦斯防治及粉尘防治领域起到了较好的示范作用。

著 者

2022 年 5 月

目　　录

第1章 绪 论

1.1 背景与意义

能源作为社会经济综合发展的重要力量,也是现代社会各领域运转的必要条件。煤炭作为我国能源产业的重要支柱,长期以来在我国能源生产和消费中占有较大比重,在社会和经济发展中有着重要的战略意义[1-2]。经过 70 多年的发展,我国煤炭产业市场呈现良好态势,煤矿安全生产状况不断提高,生产力水平也大幅提高[3]。但是,随着国民经济的迅猛发展,整体经济建设步伐加快,对能源消耗的需求也逐步增加,能源需求压力逐步增大。煤层气作为近一二十年被人类大量开发利用的新型能源,其储量大、洁净的优势使得煤层气资源更受人类青睐。国家能源局下发的《煤层气产业政策》中明确提出在煤炭远景区要优先进行煤层气地面开发,同时文件中反映出要清理煤层气产业制度障碍,将煤层气产业发展作为重要的新兴能源产业[4]。自然资源部发布的《全国石油天然气资源勘查开采情况通报(2018 年度)》中指出,我国新增煤层气探明地质储量 147.08 亿立方米,同比增长 40.3%,地面开发的煤层气产量 51.5 亿立方米,同比增长 9.5%,煤层气资源开发逐步加速[5]。

随着矿山开采深度和强度的不断加大,井下瓦斯灾害问题严重,由于瓦斯事故破坏性强,煤矿井下瓦斯防治问题仍然严峻。随着我国对煤矿安全生产的重视,煤矿瓦斯事故起数和瓦斯事故死亡人数逐年减少,但是瓦斯事故起数和死亡人数在煤矿事故中的占比仍然很大,并呈现逐年增加状态,2016 年瓦斯事故死亡人数占煤矿事故总死亡人数的 40.08%,如图 1-1 所示。同时,煤层气赋存具有微孔隙、低渗透、高吸附的特征,煤层透气性差,导致煤层气开采困难,严重影响煤层气的抽采利用率[6-7]。近几年的工程应用发现,由于我国煤层微孔隙性、低渗透率和高吸附性特性明显,传统水力压裂时形成的煤体裂缝较为简单,得不到理想的压裂效果。

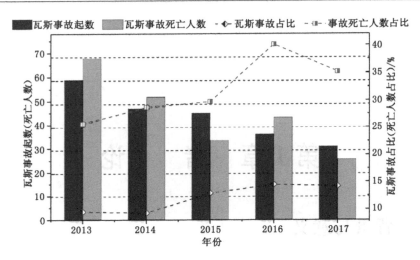

图 1-1 2013—2017 年我国煤矿瓦斯事故起数、死亡人数及其占比变化趋势图

由于我国煤矿开采条件极为复杂，而且随着矿井开采深度的加大，煤层瓦斯压力和涌出量不断加大。加之受生产力发展水平不均衡等因素的影响，煤炭工业的现代化水平还不高，煤矿瓦斯防治基础相对薄弱，瓦斯防治工作任重而道远。目前防治煤矿瓦斯灾害的根本性方法是进行瓦斯抽采。原国家安全生产监督管理总局确定的"先抽后采、监测监控、以风定产"的煤矿瓦斯治理方针也把瓦斯抽采放在首位。《防治煤与瓦斯突出细则》和《煤矿瓦斯抽采基本指标》（AQ 1026—2006）也从政策层面上对于瓦斯抽采提出了明确的要求。但是，我国煤矿中 70% 左右的高瓦斯突出煤层具有微孔隙、低渗透率、高吸附的特征，导致大部分煤层抽采困难，严重影响瓦斯的抽采利用率。

面对我国普遍存在的煤层低透气性的特点，煤层卸压增透成为煤矿高效安全生产的重要保证。《防治煤与瓦斯突出细则》规定了煤矿区域防突措施包括开采保护层和预抽煤层瓦斯两类[8]。对于有保护层开采的层间卸压增透，可以通过开采保护层来实现；但是对于不具有保护层开采条件的单一煤层的层内卸压增透，常规的瓦斯抽采方法仅在局部起到一定的效果，尚未从根本上解决区域性整体卸压增透的问题，也未实现大面积提高煤层瓦斯抽采率的目的[9]。

随着煤层瓦斯治理研究工作的深入开展，很多学者达成了一定的共识，即可通过水力压裂、煤层注水、水力割缝、水力掏槽、水力冲孔、水力挤出等水力化措施进行煤层的卸压增透，提高煤层渗透率，强化预抽煤层瓦斯。这些水力化措施的优势在于：① 水压促进煤层内裂隙扩展，在煤体内形成新的瓦斯流动通道；② 水对煤的吸附势能要高于甲烷，压力水对煤体瓦斯起到置换、驱替作用，促进瓦斯抽采;③ 水分可以起到煤层降尘、降温和防灭火的作用。

诸多的水力化技术中,水力压裂技术能够较好地促进煤层内裂隙扩展、促进瓦斯抽采和改变煤体物理力学性质,在国内多个矿井应用并取得了较好的效果。

脉动水力压裂技术是在常规水力压裂的基础上旨在提高煤层瓦斯卸压增透效果的新技术。本书围绕突出区域瓦斯治理重大技术难题,以高瓦斯、低透气性煤层为研究对象,充分吸收国内相关领域的成熟技术和最新成果,从瓦斯微观动力学角度,以脉动波作用影响煤微观孔隙特性为理论出发点,深入研究脉动压裂过程中瓦斯解吸、扩散等微观动力学特性,研究脉动压裂后期液相滞留效应机理及其解除机制,优化脉动水力压裂关键技术参数,同时,研发适用于脉动水力压裂高压钻孔密封材料,利用研究成果指导现场工业性试验,最大限度地提高瓦斯抽采率,为矿井安全生产提供保障。

1.2　低渗煤层水力化增透措施

煤与瓦斯突出是指在压力作用下,破碎的煤与瓦斯由煤体内突然向采掘空间大量喷出的动力现象。前人关于煤与瓦斯突出的机理假说分为三类:瓦斯为主导作用假说、地应力为主导作用假说及综合作用假说[10-11]。随着煤层瓦斯治理研究工作的深入开展,很多学者达成了一定的共识,即可通过水力压裂、煤层注水、水力割缝、水力掏槽、水力冲孔、水力挤出等水力化措施进行煤层的卸压增透,提高煤层渗透率,强化预抽煤层瓦斯[12]。

水力割缝是对透气性系数低、原始瓦斯含量大、有突出危险的煤层进行超前割缝,割缝后可以在煤层内部形成一条具有一定宽度的扁平缝槽,为瓦斯的解吸和流动提供通道。同时,水力割缝工艺由于在卸压、提高煤层透气性、增大瓦斯释放速率、改变煤层原始瓦斯抽采难易程度等方面有诸多优点,故而在工程实践中应用颇广。张连军等[13]通过水力割缝工艺,从地应力角度入手,在煤体中利用水力割缝形成空间,人为再造裂隙和微裂隙,使突出煤层的瓦斯得到释放,地应力得到转移。孟凡伟等[14]采用旋转切片式割缝技术掩护巷道掘进的方案,在机巷掘进施工到割缝影响区域后,钻孔瓦斯涌出初速度 q 值和钻屑量 s 值降低,大大减小了煤与瓦斯突出的危险性,增加了机巷掘进速度,月进尺由原来的60～70 m增加到100～110 m,在递进掩护式巷道掘进中取得了良好的应用效果。

水力掏槽措施和水力割缝相似,是在进行采掘工作之前,在突出危险煤层中使用高压水射流冲出直径较大的孔洞。掏槽过程中排出大量瓦斯和一定数量的煤炭,可部分卸除煤层区域或采掘工作面前方煤体的应力,使煤体卸压并将集中应力区转移到煤层深部。刘明举等[15]在焦作矿区的演马庄矿、九里山矿选择突出危险性最严重的工作面开展试验,取得了良好的效果。在保证安全条件下,大幅度提高了严重突出煤层的煤巷掘进速度。

水力冲孔是以岩柱或是煤柱作为安全屏障,利用高压水射流对钻孔周围的煤体进行冲击,冲出大量的煤炭,从而形成孔洞。由于地应力的作用,孔洞周围的煤体发生大幅度的位移,引起孔洞周围煤体的充分卸压,透气性系数增大,煤体内的瓦斯得到大幅度的释放[16-17]。1960—1962 年匈牙利开始采用水力冲孔揭开煤层,冲刷通过 120~200 mm 直径的钻孔进行。自 1963 年起保加利亚、比利时、法国、苏联也根据自己的煤层特性采用水力冲孔揭开煤层。近年来,水力冲孔技术得到了进一步的发展。其中,彭伟[18]在总结现有水力冲孔的基础上,对水力冲孔的水射流动力特性、影响水射流破煤因素等方面进行了深入研究,通过在丁集煤矿实施了水力冲孔措施,进一步验证了水力冲孔的卸压增透效果。张建[19]在张集矿进行现场试验,通过在冲孔钻孔周围布置间距不等的测压孔考察水力冲孔的有效抽采半径,最终确定进行水力冲孔的有效冲孔水压为 10~15 MPa,水力冲孔的有效影响半径为 7.5~10 m。

水力挤出措施起源于苏联,是由马凯耶夫煤矿安全科学研究所提出的。他们通过对水力挤出后瓦斯涌出量的考察,得出当注水的煤层近工作面部分向巷道明显移动时,水力挤出就能最大程度地削弱瓦斯因素在突出发生中的作用,并且考察工作面煤体在水力挤出前后应力变化得出,发现了水力挤出后工作面前方煤体应力水平降低,卸压带向深部转移。近年来,水力挤出技术在国内也有所发展[20-21]。其中,王兆丰等[22]以现场实测数据为基础,对水力挤出措施实施前后的掘进工作面前方煤体应力分布、力学性质、瓦斯运移进行数值模拟。研究得出实施水力挤出措施后,工作面前方煤体应力重新分布,集中应力带前移,抵抗发生瓦斯突出的阻力加大,煤体透气性增强,瓦斯涌出增大,减小了煤体中瓦斯内能。刘建新等[23]通过理论分析、现场试验及数值仿真等手段,分析了注水过程中煤-水-瓦斯体系特征,研究了注水对煤的力学性质、应力和变形状态以及瓦斯涌出量的影响。研究发现,该措施的防突机理在于注水后,煤体弹性潜能释放缓慢,集中应力带前移,卸压带加长。

水力压裂起源于油田采油业,自 1947 年在美国堪萨斯州试验成功至今已经经过了 70 多年的发展,作为油、气井增产增注的主要措施,已广泛用于低渗透油、气田的开发中。苏联在 20 世纪 60 年代开始井下水力压裂的试验研究,对卡拉甘达和顿巴斯两矿区的 15 个井田进行了煤层水力压裂,提高了煤层透气性。国外通过试验煤层高压注水治理瓦斯突出,高压注水后煤层全水分较注水前显著增加,煤层瓦斯含量降低。我国也于 20 世纪 80 年代先后在阳泉一矿、白沙红卫矿、抚顺北龙凤矿及焦作中马矿等进行了井下水力压裂试验,并且取得了一些效果,由于当时加压设备能力限制,泵压低,流量小,无法满足压裂要求,对于煤层水力压裂措施增大煤层的渗透率的机理尚未深入研究,并且没能形成系统的技术工艺和装备,井下水力压裂技术没有太大的进展[24]。

近年来,由于单一高瓦斯煤层大范围区域性卸压增透技术一直未有较大突破,很多的煤矿科研人员又把目光放在井下煤层压裂技术开发上面,煤矿井下水力压裂形成新的研究热点[25]。井下煤层水力压裂技术在国内很多矿井进行了工业性试验,初步显示出具有增大煤层透气性、降低地应力及卸压范围大的特点,为高瓦斯低透气性煤层瓦斯治理提供了新的途径。

目前常规井下煤层水力压裂主要存在的问题是:压裂压力大,设备体积庞大,结构复杂,高压封孔困难,压裂成功率低。普通井下煤层水力压裂主要利用高压力、大流量的注水泵组将压裂液压入目标煤层,所需的压裂压力通常为 25 MPa 以上,有的达到 40 MPa 以上。泵组流量 1 000 L/min 以上,常常造成高压水冲出钻孔导致压裂失败。

为了解决注水压力大、钻孔封孔难、压裂不易控制的难题,近年来又出现了脉动压裂或脉冲水锤技术。林柏泉等[26]提出了高压脉动水力压裂卸压增透技术,采用理论分析和现场试验的方法,研究了脉动压力在裂隙中的传播规律以及卸压增透效果。翟成等[27]研究了在强烈的脉动水压力作用下,煤体原生裂隙会在缝隙末端产生交变应力,使煤体的裂隙产生"压缩—膨胀—压缩"反复作用,煤体将产生疲劳损伤破坏。煤体内部裂隙弱面扩展、延伸,形成相互交织的贯通裂隙网络。赵振保[28]提出了变频脉冲式方法进行煤层注水,脉冲水压 0～15 MPa,实现了脉冲高压水压裂、沟通煤层裂隙,在煤层内部形成新的相互关联孔隙-裂隙网。尹文波等[29]针对油层堵塞、油藏非均质性严重,导致水驱采收率较低这一实际问题,提出了井下低频脉动注水技术,分析了井下低频脉动注水技术提高水驱采收率机理。

上述研究使用的脉动注水泵体积较小,轻便易用,脉动压力一般为 15 MPa 以下,压力较为安全可靠,脉动水力压裂在低压条件下就能达到普通静压压裂的致裂效果,便于在煤矿推广应用。

1.3　水分影响瓦斯解吸规律

煤的瓦斯解吸规律在一定程度上能够反映瓦斯压力和煤层突出危险性的大小。因此,研究煤的瓦斯解吸规律对于确定煤层瓦斯压力和煤层突出危险性具有重要意义。

实施各种水力化措施后,煤层中的水分得到不同程度的增加,煤层水分增加将对煤体瓦斯解吸产生影响。因此,在各种水力化措施得到应用的同时,水分对煤体瓦斯解吸特性也得到学者们的关注。苏联学者 H. K. 佐尔维格基于 1930 年就提出通过向煤体注水的方法挤出煤层瓦斯,另一学者 H. M. 别楚克实验验证了煤体经过水浸泡后瓦斯涌出量降低的事实,他认为水分封堵了瓦斯运移的通道,从而降低了瓦斯涌出量[30]。程庆迎等[31]通过考察水力致裂后发现,在注水结束 15 min 以内,注水孔附近的瓦斯浓度由水力致裂前的 0.095% 升至 0.115%,注水结束 115 min 后,巷道内瓦斯浓度开始逐渐升高至 0.135%,且持续时间长达 40 min,认为这是水对煤体瓦斯的驱赶作用,且水分增加后煤体中瓦斯运移、解吸过程具有时间效应。魏国营等[32]通过在焦作矿区实施中高压注水发现,注水前钻孔瓦斯抽放量为 0.013 1~0.070 6 m^3/min,注水期间钻孔瓦斯抽采量为 0.017 3~0.076 2 m^3/min,钻孔抽放量增加了 21.4% 以上。他指出,较高的水压压裂破坏煤体,增加了煤层的透气性,从而提高了瓦斯抽放量,同时水分子具有明显的极性,水和煤分子间的相互作用大于甲烷和煤分子间的相互作用,煤吸水后减少了煤吸附的瓦斯量,增大了瓦斯解吸量。秦长江等[33]通过对水力压裂过程中的瓦斯涌出数据测试,将水力压裂过程中的相邻自由孔瓦斯涌出分为三个阶段,第一个阶段为低压湿润阶段,此时自由孔的瓦斯流量基本不受压裂影响,与压裂前的瓦斯流量基本相当;第二个阶段是从开始致裂至达到开裂峰值,此时相邻自由孔的瓦斯流量上升到 0.5 m^3/min 以上;第三个阶段为煤体压裂挤出后的时间段,此时相邻自由孔的瓦斯流量增大到 1.5 m^3/min 以上,且流量可以长时间维持。他们认为流量增大主要是高压水驱离和置换了处于吸附态瓦斯解吸的原因。

赵东等[34]对不同煤种同等吸附压力下、相同煤种不同吸附压力下的块状原煤进行自然解吸和不同压力下的高压注水解吸试验,结果表明:水对含瓦斯煤体的解吸特性影响较大,等压注水后的煤体的瓦斯解吸率只有自然解吸时的 50%~70%,无烟煤的影响最大,较高瓦斯吸附压力下的贫煤影响最小。张国华等[35]分别开展了无水侵入和有水侵入后水对含瓦斯煤中瓦斯解吸影响的对比试验,结果表明:水的后置侵入不仅会使瓦斯解吸量大大减少,而且还会使瓦斯解吸的终止时间提前。因此,在评价高压注水对提高瓦斯抽采效果时,不仅要考虑高压水对煤层的增透作用以及对瓦斯的驱动作用,还应综合考虑水对瓦斯解吸的损害影响。肖知国等[36]采用实验室实验、数值模拟和现场试验相结合的方法,对煤层注水抑制瓦斯解吸效应进行了重点研究,他们发现注水对煤层吸附瓦斯的解吸有阻碍作用,注水煤样等温解吸过程中的吸附量和残存瓦斯含量均大于干燥煤样,且随着水分的增加,初始瓦斯解吸速度降低,衰减速度减慢;覆压作用下,初始瓦斯解吸速度增大,衰减速度加快,但注水后,初始解吸速度降低,衰减速度变慢。

因此,对于煤体瓦斯解吸特性的影响现已形成了两种观点:一部分人认为煤层注水过程促进了瓦斯解吸,另一部分人认为煤层注水降低了煤体内瓦斯的解吸速度,并对瓦斯解吸有封堵效应,避免了大量瓦斯的快速解吸。

1.4 水锁效应及解锁方法

水锁效应源于油气藏开发领域,其含义是指在油气开发过程中,当钻井液、完井液等外来流体侵入储集层后,造成近井壁处油气相渗透率降低的现象。水锁效应的本质是由于毛细管压力而产生了一个附加的表皮压降,它等于毛细管弯液面两侧非润湿相压力与润湿相压力之差。

姬彦庆等[37]以川西白马地区浅层气藏为例,在总结了储层基本地质特征基础上,通过室内实验探讨了气层水锁损害的程度及影响因素,研究得出外来水黏度高、侵入深及地层致密会导致明显的暂时性水锁。赖南君等[38]在分析水锁损害室内实验方法的基础上,提出了一种室内定性研究含水饱和度对水锁影响的方法——反向作用法,以川西低渗透致密气藏为例,从岩芯自吸作用和正压侵入作用两方面,确定了含水饱和度与水锁损害的关系,即含水饱和度越大,水锁损害越严重,为减轻、消除水锁损害提供了理论指导。朱国华等[39]从砂岩气-水相对渗透率实验入手,考虑了水锁实验的条件,研究了不同实验条件对气体渗透率恢复率的影响。实验表明:驱替气源中水饱和蒸气压条件及初始气驱压力等对水锁实验结果有影响,通过水锁损害机理分析,借用气体相对渗透率与含水饱和度关系,提出了判断气藏是否会产生水锁损害的指标,并将其应用到盐城新开发的气田中。唐海等[40]针对致密低渗气藏中严重影响勘探开发效果的水锁损害,从储层平均孔喉半径及渗透率、生产压差、黏土矿物种类及含量等方面,开展了系统的水锁实验研究,发现储层渗透率、黏土矿物种类及含量是影响水锁效应的内在因素,生产压差是影响水锁效应的外在因素。李淑白等[41]确定了影响低渗特低渗砂岩储层水锁损害的主要因素为岩芯渗透率、岩芯孔隙度和储层孔喉半径。在室内实验数据的基础上,建立水锁损害定量预测模型。利用判别分析方法建立的水锁损害类型预测模型,经过大庆、吐哈、二连油田28个样本的检验,其对水锁损害类型的判断准确率在85%以上。

在水锁效应解除方面,国内外学者也进行了相关的研究。赵东明等[42]以室内实验为基础,对醇处理原理进行了探讨,评价并比较了几种醇溶液用于减缓低渗透砂岩气藏水锁效应的应用效果。研究表明:甲醇、乙醇以及乙二醇均具有减缓低渗透砂岩气藏水锁效应的能力,但就室内实验效果来看,甲醇最好,乙醇次之,乙二醇相对较差。赵春鹏等[43]在水锁产生原因的基础上,分析其影响因素和产生机理,提出减少水锁效应的两个途径:一是采用低滤失量、流变性能好和暂堵能力强的钻井液;二是加入表面活性剂,这可以降低界面张力,从而降低毛细管力,增加钻井液的返排能力。林光荣等[44]提出要减轻水锁伤害,必须及时返排侵入储集层的外来流体。对于低渗透储集层,压裂改造能改善其渗流能力,不仅实现增产并减轻水锁伤害,还能削弱其他敏感性伤害,使堵塞孔喉的微粒排出储集层。此外,采用降低流体内部的表面张力、改变孔隙几何特征、热处理地层和延长关井时间等方法,也能不同程度地消除水锁伤害。廖锐全等[45]通过室内实验研究认为,提高排液速度可以提高渗透率的保留率,抑制水锁效应;向油层中添加一定的表面活性剂体系工作液,可以有效地提高油相渗透率的保留率,减弱和部分消除水锁效应。

通过以上学者对水锁效应机理及解除方法的研究,可以得出:如果外来液体没有及时排出储层,在水力化措施后期,孔隙内的液体由于抽采阻力作用会产生水锁效应,解除水锁效应主要是通过改善储层渗透特性和降低侵入液的表面张力等方法来减少或解除水锁效应。

在煤矿领域,各种水力化措施可以通过裂隙的扩展提供瓦斯流动的通道,提供煤层透气性。但是,在水力化措施实施后,外来的水侵入煤体孔隙、微裂隙中,如果不及时排除,就可能由于毛细管力的作用,阻碍瓦斯的扩散和渗透,出现煤层水锁效应。对煤层水锁效应的研究,国内外研究很少,唯一的文献为张国华等[46]在研究 0.025%渗透剂溶液侵入条件下对瓦斯自然解吸的影响时,发现外液的侵入能够降低瓦斯的解吸量,将外液侵入降低瓦斯解吸量的现象归结为一种水锁效应。

1.5 高压钻孔密封材料与技术

钻孔密封效果受巷道卸压带和钻孔破碎区的影响。巷道和钻孔形成初期,外力的作用下,煤层内部应力动态平衡状态改变,结构破坏,发生屈服变形,巷道和钻孔两边帮出现高应力区域,并向煤体内部传播,直到应力再次达到基本动态平衡状态,受影响的区域为巷道卸压带和钻孔破碎区[47]。卸压带的破碎半径在 $10 \sim 15$ m 之间,其影响主要通过增加封孔长度或优化封孔工艺消除。Zhang 等[48]模拟了巷道开挖对煤体的破坏,确定了卸压塑性和弹性的分布范围,分析了瓦斯抽采过程中的漏气因素,确定了合理的封孔深度、槽的位置和深度以及注浆参数,比较了不同参数下的封孔技术,验证了封隔一体化封孔技术的适用性。Wang 等[49]分析了巷道区域的漏风因素,采用流固耦合模型,讨论了抽气时间、密封长度和漏气量对瓦斯浓度的影响,并用井眼环境参数仪器进行了验证;提出了组合袋式分段注浆技术封堵煤体的漏气通道。Zhang 等[50]为确定钻孔合理的封孔深度,提出了一种新的方法,通过随钻巷道响应监测研究煤层地质条件钻孔,研究了不同封闭深度的瓦斯抽采过程数值模拟。

目前我国诸多矿区煤层瓦斯抽采主要面临的抽采浓度低、浓度衰减快的问题,其原因除了被抽采煤层透气性差、裂隙不发育外,更重要的是封孔质量不理想。国内外学者对煤层瓦斯抽采封孔技术进行了大量研究,如黏土-木塞封孔技术、水泥砂浆封孔技术、聚氨酯封孔技术、"两堵一注"封孔技术、机械式封孔技术、二次封孔技术和主动式封孔技术等。

密封钻孔需要用到流动性、渗透性强的密封材料,水泥基材料越来越受到研究人员的青睐[51]。例如,Ni 等[52]选择纳米二氧化硅、硅酸钠、苯丙乳液对水泥改性,通过优化材料孔隙结构,增强材料的密封性能。Jiang 等[53]使用硅酸钠、去离子水、表面活性剂研制水玻璃基混凝土密封剂。通过使用超活性氟碳表面活性剂大幅度降低材料表面张力,改变材料胶凝化时间,提高材料抗渗性。Zheng 等[54]制作了一种水泥基毛细结晶材料,使用佩内特罗外加剂(PA)来提高材料封堵性能,研究了 PA 对水泥浆黏度、凝结时间、凝结速率、渗透性和抗压强度的影响。但水泥后期易收缩干裂。恒湿恒温环境下,水泥内部未水化材料继续发生水化反应,材料宏观体积减小,水泥出现自收缩效应。耗水的速率大于外界水的迁移速率,毛细孔中的水减少,最终形成凹面,整个过程水泥砂浆总体质量并没有发生变化,水分流失由自身造成,水泥砂浆发生自干燥现象。在没有水源或水源不足的环境中,水泥砂浆的自干燥效应使毛细孔出现凹面,应力生成,最终引起收缩,导致水泥砂浆自收缩[55]。

水泥内部湿度与毛细孔压力呈负相关,内部湿度越低,毛细孔压力越大。内部湿度为 100% 时,毛细孔压力为 0 MPa,内部湿度下降 20%,其毛细孔压力增加 30 MPa。

改善水泥材料干裂的方法有两大类,一是减少水泥硬化过程中产生的热膨胀,二是使材料保持长时间的微膨胀性。为此,科研人员做了大量的研究工作,例如,Gorospe 等[56]以膨胀玻璃、碎玻璃和玻璃珠聚集体配成膨胀组分,玻璃的低吸收能力增强了混合物的尺寸稳定性,浆中更细的玻璃颗粒的存在为水泥的膨胀带来好处,但材料在煤矿潮湿环境下膨胀时间不受控制。Zhai 等[57]研制了一种新型的由膨胀剂、添加剂、纤维蛋白和偶联剂混合而成的复合密封材料,该发明成果的特点是,原材料成本低、来源广、膨胀性能优越,但材料的强度损失较大。区炳显等[58]评估了三种有效性膨胀剂在开发混凝土膨胀灌浆材料中的应用,并发现用膨胀水泥进行密封,可以出现密封材料与孔壁紧密黏合的效果。但有一点需要说明,膨胀会导致材料力学强度下降,孔隙度增加,从而影响自身的密封效果。

为实现密封材料膨胀性与强度、致密性协调发展,合理利用密封材料的膨胀能,考虑使用微胶囊包裹膨胀剂,通过延迟膨胀使膨胀剂在材料达到一定强度后发挥效应,减弱膨胀对材料结构和孔隙的影响。微胶囊技术可以改善壁(芯)材的性质(如形貌、溶解性等)和反应活性、耐久性。使用时,水分子在渗透压的作用下进入微胶囊,冲破微胶囊囊壁,膨胀组分进入水泥水化环境,可以通过调节壁材的厚度(壁芯比)控制膨胀剂的释放速度。壁芯比越大,水分进入微胶囊的速率越低,壁材越不容易产生破碎,延迟膨胀的时间越久。

使用高分子材料,将芯材物质(固、液、气)包裹,制造具有半透性或密封性的新材料,叫作材料微胶囊化,制造的微小粒子便是微胶囊。20世纪30年代,美国渔业公司使用包裹物将鱼肝油包裹,用来延长鱼肝油的保存时间,申请了最早的微胶囊专利。20世纪60年代,NCR公司采用复凝聚法研制了新型的明胶微胶囊,并将其用于无碳复写纸的工艺中。微胶囊技术具有改变物质性能的能力,具有很高的使用价值,被广泛应用于许多领域,但微胶囊也存在着不足之处,如在性能的表征、技术成本问题上,如何选择价格低、成膜性好的壁材,选择合适的囊壁材料包裹芯材仍困扰着无数技术人员[59]。对微胶囊技术有一个全面的认识,有助于微胶囊技术在实践中的应用,制作心仪的微胶囊材料。现今,微胶囊技术已在各领域得到广泛的应用[60]。

参 考 文 献

[1] 杜伟,孙哲,赵春阳,等.2018年我国能源供应形势分析[J].煤炭经济研究,2019,39(7):10-14.

[2] 秦永胜,荣海峰.能源利用现状与分析[J].科技创新与应用,2019(22):41-42.

[3] 《中国煤炭》杂志社专题策划编写组.煤炭是保障国民经济持续较快发展的重要能源支撑:煤炭工业壮丽70年综合评述[J].中国煤炭,2019,45(10):5-9.

[4] 徐凤银,肖芝华,陈东,等.我国煤层气开发技术现状与发展方向[J].煤炭科学技术,2019,47(10):205-215.

[5] 汪红.2018年度《全国石油天然气资源勘查开采情况通报》发布原油产量有望转跌为升[J].中国石油石化,2019(16):40-41.

[6] 钟方德.中高阶煤储层吸附孔孔隙结构特征对比分析[J].中国煤炭地质,

2018,30(增刊):48-55.

[7] IVAKHNENKO O P, MAKHATOVA M N, NADIROV K, et al. Unconventional coalbed methane reservoirs characterization using magnetic susceptibility[J]. Energy procedia,2016,97:318-325.

[8] 国家煤矿安全监察局. 防治煤与瓦斯突出细则[M]. 北京:煤炭工业出版社,2019.

[9] DEVLOO P R B,FERNANDES P D,GOMES S M,et al. A finite element model for three dimensional hydraulic fracturing [J]. Mathematics and computers in simulation,2006,73(1/2/3/4):142-155.

[10] 王省身. 矿井灾害防治理论与技术[M]. 徐州:中国矿业学院出版社,1986.

[11] 王佑安. 煤矿安全手册[M]. 北京:煤炭工业出版社,1994.

[12] 秦雷. 液氮循环致裂煤体孔隙结构演化特征及增透机制研究[D]. 徐州:中国矿业大学,2018.

[13] 张连军,林柏泉,高亚明. 基于高压水力割缝工艺的煤巷快速消突技术[J]. 煤矿安全,2013,44(3):64-66.

[14] 孟凡伟,张海宾,杨威,等. 穿层割缝技术及其在递进掩护式巷道掘进中的应用[J]. 煤矿安全,2011,42(1):86-90.

[15] 刘明举,李振福,刘毅,等. 水力掏槽措施消突机理研究[J]. 煤,2006,15(3):1-2.

[16] 王兆丰,范迎春,李世生. 水力冲孔技术在松软低透突出煤层中的应用[J]. 煤炭科学技术,2012,40(2):52-55.

[17] 王新新,石必明,穆朝民. 水力冲孔煤层瓦斯分区排放的形成机理研究[J]. 煤炭学报,2012,37(3):467-471.

[18] 彭伟. 低透气性煤层水力冲孔卸压抽采瓦斯实验研究[D]. 淮南:安徽理工大学,2012.

[19] 张建. 采动影响煤层水力冲孔卸压增透技术研究[D]. 淮南:安徽理工大学,2012.

[20] 潘辉. 水力挤出防突机理及注水参数优化研究[D]. 焦作:河南理工大学,2007.

[21] 许彦鹏. 水力挤出快速消突措施关键技术研究[D]. 焦作:河南理工大学,2007.

[22] 王兆丰,李志强. 水力挤出措施消突机理研究[J]. 煤矿安全,2004,35(12):1-4.

[23] 刘建新,李志强,李三好. 煤巷掘进工作面水力挤出措施防突机理[J]. 煤炭

学报,2006,31(2):183-186.

[24] 张强.高瓦斯突出煤层本层瓦斯综合预抽技术应用[J].铁法科技,2012(1):44-49.

[25] 黄炳香.煤岩体水力致裂弱化的理论与应用研究[D].徐州:中国矿业大学,2009.

[26] 林柏泉,李子文,翟成,等.高压脉动水力压裂卸压增透技术及应用[J].采矿与安全工程学报,2011,28(3):452-455.

[27] 翟成,李贤忠,李全贵.煤层脉动水力压裂卸压增透技术研究与应用[J].煤炭学报,2011,28(12):1996-2001.

[28] 赵振保.变频脉冲式煤层注水技术研究[J].采矿与安全工程学报,2008,25(4):486-489.

[29] 尹文波,江正清,梁子波.井下低频脉动注水技术理论及方法[J].石油矿场机械,2009,38(11):5-8.

[30] 切尔诺夫,罗赞采夫.瓦斯突出危险煤层井田的准备[M].宋世钊,于不凡,译.北京:煤炭工业出版社,1980.

[31] 程庆迎,黄炳香,李增华,等.利用顶板冒落规律抽放采空区瓦斯的研究[J].矿业安全与环保,2006,33(6):54-57.

[32] 魏国营,辛新平,李学臣.中高压注水措施防治掘进工作面突出研究与实践[C]//科技、工程与经济社会协调发展(上册).北京:中国科学技术出版社,2004:867-871.

[33] 秦长江,赵云胜,李长松.孔间煤体水力压裂技术现场试验研究[J].安全与环境工程,2013,20(5):126-129,139.

[34] 赵东,赵阳升,冯增朝.结合孔隙结构分析注水对煤体瓦斯解吸的影响[J].岩石力学与工程学报,2011,30(4):686-692.

[35] 张国华.高压注水中水对瓦斯解吸影响试验研究[J].中国安全科学学报,2011,23(3):101-105.

[36] 肖知国,王兆丰.煤层注水防治煤与瓦斯突出机理的研究现状与进展[J].中国安全科学学报,2009,19(10):150-158.

[37] 姬彦庆,黄平珍,邓刚,等.气藏水锁损害机理研究[J].内蒙古石油化工,2002(3):253-254.

[38] 赖南君,叶仲斌,赵文森,等.川西致密气藏水锁损害室内实验研究[J].油气地质与采收率,2004,11(6):75-77.

[39] 朱国华,徐建军,李琴.砂岩气藏水锁效应实验研究[J].天然气勘探与开发,2003,26(1):29-36.

[40] 唐海,吕渐江,吕栋梁,等.致密低渗气藏水锁影响因素研究[J].西南石油大学学报(自然科学版),2009,31(4):91-94.

[41] 李淑白,樊世忠,李茂成.水锁损害定量预测研究[J].钻井液与完井液,2002,19(5):8-9.

[42] 赵东明,郑维师,刘易非.醇处理减缓低渗气藏水锁效应的实验研究[J].西南石油学院学报,2004,26(2):67-69.

[43] 赵春鹏,李文华,张益,等.低渗气藏水锁伤害机理与防治措施分析[J].断块油气田,2004,11(3):45-46.

[44] 林光荣,邵创国,徐振锋,等.低渗气藏水锁伤害及解除方法研究[J].石油勘探与开发,2003,30(6):117-118.

[45] 廖锐全,徐永高,胡雪滨.水锁效应对低渗透储层的损害及抑制和解除方法[J].天然气工业,2002,22(6):87-89.

[46] 张国华,梁冰.渗透剂溶液侵入对瓦斯解吸速度影响实验研究[J].中国矿业大学学报,2012,41(2):200-204,218.

[47] 梅绪东.煤矿井下水力压裂封孔材料及封孔长度优化[D].重庆:重庆大学,2015.

[48] ZHANG Y J, ZOU Q L, GUO L D. Air-leakage model and sealing technique with sealing-isolation integration for gas-drainage boreholes in coal mines[J]. Process safety and environmental protection, 2020, 140: 258-272.

[49] WANG H, WANG E Y, LI Z H, et al. Study on sealing effect of pre-drainage gas borehole in coal seam based on air-gas mixed flow coupling model[J]. Process safety and environmental protection, 2020, 136:15-27.

[50] ZHANG K, SUN K, YU B Y, et al. Determination of sealing depth of in-seam boreholes for seam gas drainage based on drilling process of a drifter[J]. Engineering geology, 2016, 210:115-123.

[51] 李敏.煤矿聚氨酯封孔的实验研究[D].北京:中国地质大学(北京),2011.

[52] NI G H, DONG K, LI S, et al. Development and performance testing of the new sealing material for gas drainage drilling in coal mine[J]. Powder technology, 2020, 363:152-160.

[53] JIANG L H, XUE X, ZHANG W D, et al. The investigation of factors affecting the water impermeability of inorganic sodium silicate-based concrete sealers [J]. Construction ang building materials, 2015, 93: 729-736.

[54] ZHENG K L, YANG X H, CHEN R, et al. Application of a capillary crystalline material to enhance cement grout for sealing tunnel leakage [J]. Construction and building materials, 2019, 214: 497-505.

[55] 胡福增, 张群安. 聚合物及其复合材料的表界面[M]. 北京: 中国轻工业出版社, 2001.

[56] GOROSPE K, BOOYA E, GHAEDNIA H, et al. Effect of various glass aggregates on the shrinkage and expansion of cement mortar [J]. Construction and building materials, 2019, 210: 301-311.

[57] ZHAI C, HAO Z Y, LIN B Q. Research on a new composite sealing material of gas drainage borehole and its sealing performance[J]. Procedia engineering, 2011, 26: 1406-1416.

[58] 区炳显, 王承康. 石墨烯改性高导热相变大胶囊的制备与性能表征[J]. 化工新型材料, 2021, 49(2): 72-75.

[59] 张雪. 复凝聚法制备仿中药成分微胶囊及其应用[D]. 北京: 北京服装学院, 2013.

[60] 王小婷. 延迟膨胀型钻孔密封材料的实验研究[D]. 淮南: 安徽理工大学, 2015.

第 2 章　脉动波作用煤体微观孔隙损伤特性

　　煤作为一种特殊的多孔介质,具有很多微观孔隙特征,包括孔隙度、孔径分布、孔隙体积等。煤体孔隙按孔径大小,可以分为微孔、中孔、大孔。微孔是瓦斯吸附的重要场所,具有相当大的比表面积,对瓦斯具有很强的吸附能力;中孔、大孔是瓦斯扩散和渗透的主要通道。因此,煤孔隙特征不仅与煤层瓦斯吸附能力紧密联系,而且严重影响瓦斯解吸、扩散等动力学特性。

　　近年来,各种水力化措施在治理矿井瓦斯和防治煤与瓦斯突出领域越来越受到煤矿企业和学者的重视,这些措施必然影响煤体微观孔隙特征变化,从而影响瓦斯运移的过程。煤层脉动水力压裂过程会影响煤体孔隙特性变化,从而影响煤体瓦斯解吸、扩散等微观动力学特性。因此,研究脉动波作用煤微观孔隙特征变化规律,对于分析脉动水力压裂过程中瓦斯微观动力学特性具有重要的理论基础。本章对选取的煤样进行不同参量协同控制的脉动水侵入实验,利用压汞法、液氮吸附法和环境扫描电镜等方法对脉动波作用煤孔隙度、孔隙体积及其比例随孔径分布的变化规律进行定量和定性分析。

2.1　脉动波的产生与作用机制

2.1.1　脉动波产生

　　实现输出高压水的常用泵体结构为柱塞泵,从便于现场使用和维护出发,在泵体结构上采用结构简单的曲轴柱塞式泵体结构。下面通过对曲轴式柱塞泵柱塞运动过程的分析,确定曲轴柱塞泵体的柱塞数量及结构。

　　在实际使用过程中,由于柱塞的速度是瞬时变化的,相应于泵的流量也是瞬时变化的,存在着流量脉动波,流量 Q 的脉动导致泵输出压力的脉动,脉动波通过脉动水为介质在煤体孔隙内传播,曲轴泵的瞬时流量为[1]:

$$Q_\mathrm{h} = kA\omega\sin(\omega t) \tag{2-1}$$

式中　　k——曲轴半径,m;

　　　　ω——传动轴角速度,rad/s;

　　　　A——柱塞面积,m^2。

通过上式可知:曲轴泵瞬时流量为传动角速度 ω 的正弦函数。

单柱塞曲轴泵同样存在较大的脉冲强度,但是其脉冲频率低,不适合工业性应用[2],三柱塞曲轴泵的流量脉动率为 13.9%,双柱塞曲轴泵脉动率为三柱塞曲轴泵的 14.4 倍,故最终选定双柱塞曲轴泵作为脉动水力压裂的注水设备。

2.1.2　脉动波作用煤体孔隙机制

前人针对脉动水力压裂过程中由脉动注水泵产生的脉动水压情况进行了实验研究[3-5]。实验结果与公式(2-1)结果相同,均表明曲轴泵产生的水压脉动波形近似等效为正弦波。假设煤体孔隙内有一点 P,孔隙几何模型如图 2-1 所示。脉动水注入煤体后,P 点受到随时间 t 做周期性循环变化的应力,波形参数如图 2-2 所示。

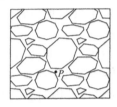

图 2-1　孔隙几何模型

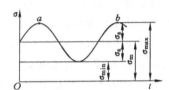

图 2-2　脉动水压参数特征

其中,σ_{max} 为脉动水压上限值,σ_{min} 为脉动水压下限值,$\sigma_a = (\sigma_{max} - \sigma_{min})/2$ 为脉动水压幅值,σ_m 为脉动水压平均值。a、b 两点间对应了一个完整的脉动周期。脉动波强度参数有脉动峰值压力和脉动频率。脉动峰值压力为脉动水压上限值,其值越大,说明脉动波冲击幅度越大;脉动频率为一个完整脉动波周期的倒数,频率越大,说明一定时间内,脉动波冲击的次数越多。

煤体中的原生孔隙、裂隙发育丰富,煤岩在循环载荷作用下会发生疲劳损伤,借助脉动水在煤层各种弱面内对弱面壁的支撑作用,使弱面发生张开、扩展和延伸,从而对煤层形成内部分割。微观上而言,对于单个的煤体孔隙面,脉动水以强烈的交变应力作用于孔隙表面,在孔隙表面内产生周期性张压应力,脉动波在传播过程中产生"收缩-膨胀-收缩"的疲劳冲击作用冲击煤体孔隙,对煤体孔隙产生疲劳破坏。一方面,脉动波激发煤层孔隙堵塞物,使堵塞物疲劳破碎,疏通煤体孔隙通道,提高煤层渗透率;另一方面,煤体在交变应力下产生疲劳破坏,脉动水比在静压载荷作用下侵入煤体微观孔隙尺寸更小,并对更小微孔产生疲劳扩孔作用。

2.2　煤体孔隙分类

按孔隙的成因,Gan 等[6]将孔隙划分为分子间孔、煤植体孔、热成因孔和裂缝孔等;郝琦[7]利用电子显微镜将煤中显微孔隙类型按成因划分为生气孔、植物组织孔、溶蚀孔、矿物铸模孔、晶间孔和原生粒间孔等;张慧[8]以煤岩显微组分和煤的变质与变形特征为基础,以较大量的扫描电镜观察结果为依据,将煤孔隙的成因类型划分为四大类十小类。

按孔径大小划分,国内外很多学者也进行了较多的研究工作。其中,霍多特[9]最早对煤孔隙进行了划分:微孔(孔径<0.01 μm)、小孔(0.01 μm≤孔径<0.1 μm)、中孔(0.1 μm≤孔径<1 μm)和大孔(孔径≥1 μm);国际纯粹与应用化学联合会(IUPAC)划分方法[10]:微孔(孔径<2 nm)、中孔(2 nm≤孔径<50 nm)和大孔(孔径≥50 nm)。我国学者最早对煤孔隙进行划分是 1985 年抚顺煤炭科学研究所的划分方法[11]:微孔(孔径≤8 nm)、过渡孔(8 nm<孔径<100 nm)和大孔(孔径≥100 nm)。此外,还有很多学者对煤孔隙划分进行过研究,其划分方法见表 2-1。

表 2-1　煤的孔隙分类划分表[12]　　　　　　　　　单位:nm

Dubinin(1966)	Gan(1972)	吴俊(1991)	杨思敬(1991)	秦勇(1995)
微孔<2	微孔<1.2	微孔<5	微孔<10	微孔<15
2≤过渡孔<20	1.2≤过渡孔<30	5≤过渡孔<50	10≤过渡孔<50	15≤过渡孔<50
		50≤中孔<500	50≤中孔<750	50≤中孔<400
大孔≥20	大孔≥30	500≤大孔<750	大孔≥750	大孔≥400

在众多分类方法中,霍多特根据固体孔径范围与固-气作用效应,提出的煤孔隙大小分类方案被我国学者广泛认可,在此基础上,俞启香[13]又把煤中孔隙分类中的大孔进行了细化,并得出各阶段孔隙内瓦斯运移的特性:

微孔(孔径<0.01 μm),构成瓦斯的吸附体积;

小孔(0.01 μm≤孔径<0.1 μm),构成毛细管凝结和瓦斯扩散空间;

中孔(0.1 μm≤孔径<1 μm),构成缓慢的层流渗透空间;

大孔(1 μm≤孔径<100 μm),构成强烈的层流渗透区间,并决定了具有强烈破坏结构煤的破坏面;

可见孔及裂隙(孔径≥100 μm),构成层流和紊流混合渗流的区间,并决定了煤的宏观裂隙。

综上所述,在霍多特孔隙分类方法的基础上,结合俞启香对各阶段孔径对瓦斯运移的影响,本章将孔隙划分为三类:微孔(孔径<0.01 μm),构成煤中的吸附容积;中孔(0.01 μm≤孔径<0.1 μm),构成毛细管凝结和瓦斯扩散空间;大孔(0.1 μm≤孔径<100 μm),构成瓦斯渗透空间。

2.3 脉动波作用煤微观孔隙特性实验

2.3.1 实验系统

实验系统由脉动泵、阻尼装置、变频控制柜及水箱、煤样罐、管路等部分组成。如图 2-3 所示,为实验系统实物图。

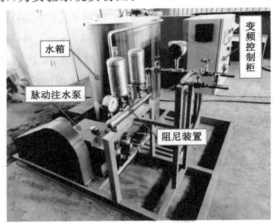

图 2-3 实验系统实物图

脉动泵为脉动水提供实验动力,脉动峰值压力为 0~10 MPa;脉动频率为 0~25 Hz;输出流量为 30 L/min;电机电压为 380 V,功率为 5.5 kW。

阻尼装置是以提供运动的阻力、消耗运动能量的装置,可以降低并消除实验系统的脉动频率,实现脉动水向静压水的转变。

变频控制柜可以实现对动力系统的启动与紧急停止,对脉动泵的转速、脉动频率、脉动峰值压力等参数进行控制,实现脉动频率 1~25 Hz、脉动峰值压力 1~10 MPa 范围调节。

煤样罐直径为 15 cm,高度为 10 cm。内放有处理好的煤样,通过系统管路与脉动泵连接。水箱容积为 1.5 m³,为实验提供水源。

2.3.2 煤孔隙特性测定方法选择

在煤孔隙特性测定方法的选择上,肖知国[14]研究煤层注水时选择了压汞法测量煤孔隙;郭红玉等[15]在研究二氧化氯作为煤储层压裂液破胶剂的可行性实验研究以及李瑞等[16]在进行提高煤岩渗透性的酸化处理室内研究时均采用的压汞法。陈向军等[17]在研究外加水分对瓦斯解吸动力学特性影响时采用压汞法对注水后煤样的孔隙特征进行测定,为了防止水分对压汞法结果的影响,他们提前对煤样进行了干燥处理。

由前人的研究结果可以看出,压汞法测量的最小孔径仅为 3 nm 左右。为了得到更小的微孔孔隙特性,采用压汞法对煤的中孔、大孔孔隙特性进行定量分析;采用液氮吸附法对煤的微孔孔隙特性进行定量分析。同时,利用环境扫描电镜测试对煤表面孔隙特性进行定性分析,并结合能量色散谱仪对脉动波作用煤微观孔隙特性变化机理进行探讨。在孔隙测试之前,煤样均置于真空干燥箱中在 100 ℃条件下抽真空干燥 12 h,排除水分对测试结果的影响。

2.3.3　煤样的选取及基本参数测定

实验煤样选自焦作煤业集团古汉山矿、淮北矿业集团杨柳矿、通化矿业集团松树矿,所选煤样的煤层均属于低透气性煤层。

根据煤样制备标准[18],将选取的部分煤样制作成 0.20～0.25 mm 粒径试样,按照煤的工业分析测试标准和《煤的显微组分和矿物测定方法》[19-20],对实验煤样工业性参数和煤的显微组分进行测试。镜质组反射率按照《煤的镜质体反射率显微镜测定方法》进行测试[21]。选取煤样的基本参数测定结果见表 2-2 和表 2-3。

表 2-2　煤样工业分析结果

取样地点	水分/%	灰分/%	挥发分/%	固定碳/%
古汉山矿	1.55	6.81	6.16	85.48
杨柳矿	0.85	14.49	17.56	67.10
松树矿	1.53	7.72	37.15	53.60

表 2-3　煤样煤岩分析结果

取样地点	镜质组/%	惰质组/%	壳质组/%	矿物质/%	最大镜质组反射率($R_{o, max}$)/%
古汉山矿	49.81	44.27	0	5.92	3.117 9
杨柳矿	76.37	16.54	0	7.09	1.591 6
松树矿	72.79	14.97	1.36	10.88	0.714 5

由表 2-2 可知,所取煤样的水分和灰分含量较少,分别为 0.85%～1.55% 和 6.81%～14.49%。挥发分和固定碳含量较多,分别为 6.16%～37.15% 和 53.60%～85.48%。

由表 2-3 可知,镜质组和惰质组成分较多,壳质组和矿物质成分较少。古汉山矿、杨柳矿、松树矿的实验煤样最大镜质组反射率分别为 3.117 9%、1.591 6%和 0.714 5%。

依据《中国煤炭分类》[22]及测试结果,所取古汉山矿煤样属于高变质程度无烟煤,杨柳矿煤样属于中等变质程度肥煤,松树矿煤样属于低变质程度长焰煤。

2.3.4　实验方案及步骤

将所取古汉山矿、杨柳矿和松树矿煤制备成直径为 10～15 mm 粒径煤样。分别称取古汉山矿煤样 200 g 置于煤样罐中,进行脉动注水实验,脉动注水过程为 30 min,实验脉动峰值压力,即脉动波上限压力值选择为 2 MPa、4 MPa、6 MPa,脉动频率选择为 0 Hz、4 Hz、8 Hz、12 Hz、16 Hz 和 20 Hz,煤样编号为G2-0～G6-20。为了研究不同变质程度煤样微观孔隙特性变化的差异,利用中等变质程度杨柳矿煤样和低变质程度松树矿煤样进行脉动水侵入实验,脉动水峰值压力选择 2 MPa 和 6 MPa,脉动频率选择 0 Hz、8 Hz 和 16 Hz。每种煤样编号的煤样分成三部分,分别进行压汞测试、液氮吸附测试和电镜扫描测试,在电镜扫描测试同时,伴随着能量色散谱仪的测试,测试煤样微观孔隙特性。在孔隙测试之前,煤样均在真空干燥箱中 100 ℃条件下抽真空干燥 12 h,排除水分对测试结果的影响。

2.4　脉动波作用煤微观孔隙特性变化规律

煤中微孔具有相当大的比表面积,是瓦斯吸附的重要场所,中孔、大孔则是瓦斯扩散和渗透的主要通道。因此,研究脉动波作用煤微观孔隙特征变化对于分析脉动水力压裂后瓦斯运移特性具有重要的理论基础。首先对煤样孔隙度、孔隙体积及其比例随孔径分布的变化规律进行定量分析,然后结合环境扫描电镜和能量色散谱仪对煤微观孔隙特性变化机理进行分析。

2.4.1　孔隙度变化规律

图 2-4 所示为古汉山矿煤样在脉动波作用下的孔隙度变化图。当脉动峰值压力为 2 MPa 时,孔隙度从 0 Hz 的 3.82%增加到 20 Hz 的 4.34%;4 MPa 时,孔隙度从 0 Hz 的 3.91%增加到 20 Hz 的 4.76%;6 MPa 时,孔隙度从 0 Hz 的 4.01%增加到 20 Hz 的 4.92%。可以得出,静压载荷和脉动载荷作用均会增大煤样孔隙度,且在脉动载荷下对煤样孔隙度的影响程度大于静压载荷。随着脉动频率和脉动峰值压力的增加,在脉动波反复冲击煤样的条件下,对煤样孔隙度的影响程度增加,脉动波不断扩容原有孔隙或产生新的孔隙,使煤样孔隙度增大。同时,对实验结果进行线性拟合,得到表 2-4 所列的结果。

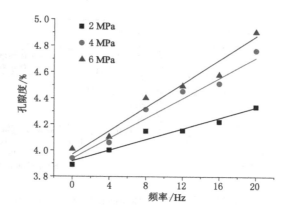

图 2-4　古汉山矿煤样在脉动波作用下的孔隙度变化

表 2-4　脉动波作用煤样孔隙度变化拟合分析

脉动峰值压力/MPa	拟合公式	相关系数 R^2
2	$y = 0.02x + 3.92$	0.94
4	$y = 0.04x + 3.94$	0.95
6	$y = 0.05x + 3.97$	0.95

由表 2-4 可得,线性拟合能较好地反映孔隙度随频率增加的变化趋势,且拟合直线斜率随着脉动峰值压力的增加而增加。由拟合分析可得,脉动波峰值压力越大,孔隙度随频率增加越显著。

2.4.2　孔径分布变化规律

煤样孔隙度的变化只能从宏观上对煤样孔隙变化进行总体分析,而研究脉动波作用煤微孔、中孔和大孔各阶段的体积分布对于了解脉动水力压裂影响瓦斯解吸、扩散和渗透规律具有非常重要的意义。

图 2-5 所示为古汉山矿高变质程度原煤样孔隙体积随孔径分布变化情况。根据压汞实验和液氮吸附实验数据统计,原煤样微孔体积为 0.021 3 mL/g、中孔体积为 0.016 3 mL/g、大孔体积为 0.004 3 mL/g,微孔体积最大,中孔体积次之,大孔体积最小。

脉动波作用煤样的孔隙体积随孔径分布发生了很大的变化,为了得到精确的定量分析,统计在不同脉动压力和频率的脉动波作用下煤样各阶段孔隙累积体积及其占煤样总孔隙体积比例的变化情况,见图 2-6～图 2-8。

由图 2-6～图 2-8 可知,煤样微孔累积体积及比例均随着脉动频率的增加而

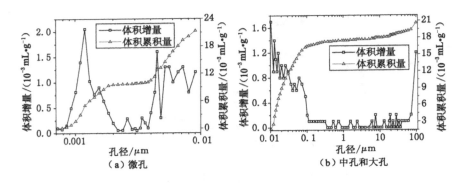

图 2-5　古汉山矿原煤孔隙体积随孔径分布变化规律

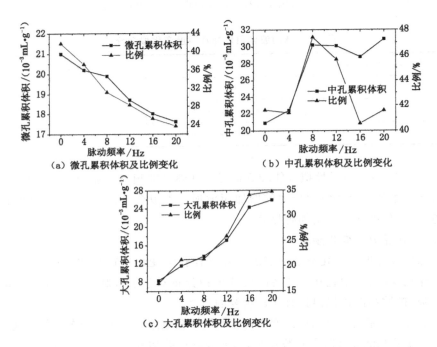

图 2-6　脉动压力 2 MPa 不同频率时古汉山矿煤孔隙体积及比例变化

降低。低压 2 MPa 时,微孔累积体积从 0 Hz 的 0.021 0 mL/g 减少到 20 Hz 的 0.017 6 mL/g,对应的微孔比例减少了 18.14%;高压 6 MPa 时,微孔累积体积从 0 Hz 的 0.020 6 mL/g 减少到 20 Hz 的 0.010 7 mL/g,对应的微孔比例减少了 21.45%。大孔累积体积及比例呈现增加趋势。2 MPa 时,大孔体积从 0.008 3 mL/g 增加到 0.025 8 mL/g,相应的体积比例增加了 18.19%。6 MPa

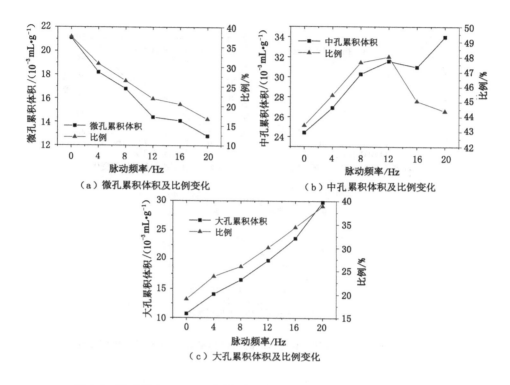

（a）微孔累积体积及比例变化　　　　（b）中孔累积体积及比例变化

（c）大孔累积体积及比例变化

图 2-7 脉动压力 4 MPa 不同频率时古汉山矿煤孔隙体积及比例变化

时,大孔体积从 0.013 1 mL/g 增加到 0.032 3 mL/g,相应的体积比例增加了 18.31%。中孔累积体积呈增加趋势,但是中孔比例变化复杂。在低频条件下, 中孔比例增加;在高频条件下,中孔比例出现降低现象。结合图 2-6(c)、图 2-7 (c)、图 2-8(c)可知,在高频条件下,脉动波冲击煤体孔隙过程中,使大孔隙突然 增加,其增加的数量要远远大于中孔隙增加的数量,因此,即使中孔体积增加,中 孔比例也会出现下降的现象。

纵观图 2-6～图 2-8,微孔累积体积及其比例同时随着脉动波峰值压力的增 加而减小;中孔和大孔累积体积及其比例则同时呈现增加趋势。同时,在恒压载 荷下,2 MPa、4 MPa 和 6 MPa 条件下的微孔孔隙体积为 0.021 0 mL/g、 0.021 4 mL/g 及 0.020 6 mL/g,均与原煤微孔孔隙体积基本相同。因此,在恒 压载荷下,水分基本无法侵入微孔,恒压载荷对煤样微孔体积基本无影响,随着 频率增加,脉动波逐渐冲击微孔,产生扩孔作用,使微孔转变为中孔和大孔,增加 了孔隙体积。

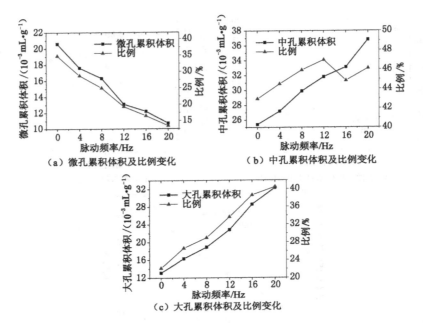

（a）微孔累积体积及比例变化　　　　（b）中孔累积体积及比例变化

（c）大孔累积体积及比例变化

图 2-8　脉动压力 6 MPa 不同频率时古汉山矿煤孔隙体积及比例变化

2.5　不同煤种煤样孔径分布变化规律

　　以上对脉动波作用影响高变质程度古汉山矿煤样孔隙特性变化规律进行了分析。但是，对于不同变质程度煤，脉动波作用下的煤孔隙特性变化是否相同，需要系统地研究。本节以脉动峰值压力为 2 MPa、6 MPa，脉动频率为 0 Hz、8 Hz、16 Hz 的脉动波作用为例，对脉动侵入影响低变质程度松树矿煤样、中等变质程度杨柳矿煤样、高变质程度古汉山矿煤样的微观孔隙特性进行对比分析。

　　图 2-9 和图 2-10 所示为杨柳矿和松树矿原煤孔隙体积随孔径分布变化情况。

　　根据压汞实验和液氮吸附实验数据统计，杨柳矿、松树矿原煤样微孔体积分别为 0.018 6 mL/g、0.017 5 mL/g，分别占孔隙总体积的 36.42%、34.76%；中孔体积分别为 0.026 9 mL/g、0.027 2 mL/g，分别占孔隙总体积的 52.81%、53.56%；大孔体积分别为 0.005 5 mL/g、0.005 9 mL/g，分别占孔隙总体积的 10.77%、11.68%。通过与古汉山矿原煤各阶段孔隙体积相比，可以得出：对于微孔体积，古汉山矿＞杨柳矿＞松树矿；对于中孔和大孔体积，古汉山矿＜杨柳

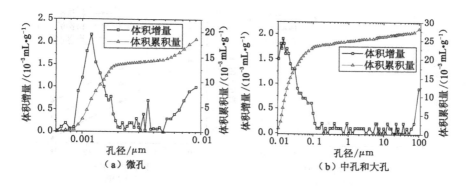

图 2-9　杨柳矿原煤孔隙体积随孔径分布变化情况

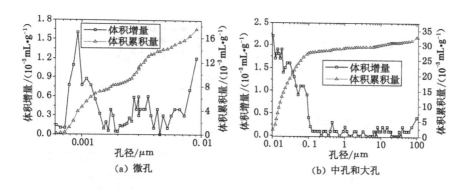

图 2-10　松树矿原煤孔隙体积随孔径分布变化情况

矿＜松树矿。即煤的变质程度越高,微孔体积越大,中孔和大孔体积越小。

根据压汞实验和液氮吸附实验数据,得到三种变质程度煤样在脉动水侵入后的各阶段孔隙累积体积占煤样总孔隙体积比例的变化情况,见图 2-11～图 2-13。

由图 2-11～图 2-13 可知,脉动波的峰值压力一定时,松树矿、杨柳矿在脉动频率为 16 Hz 时微孔体积比例小于 8 Hz,且两者均小于恒定载荷 0 Hz 时的微孔体积比例,脉动波作用煤样大孔比例的变化呈相反的变化规律;对于中孔体积比例,也出现和古汉山矿相同的先增加后降低的变化趋势。由此可得,脉动波作用不同变质程度煤的孔隙体积随孔径分布的变化规律是一致的,即脉动波疲劳冲击煤体孔隙,使微孔体积被扩充为中孔或大孔,并随着脉动波强度的增加而减小,中孔和大孔体积增大。

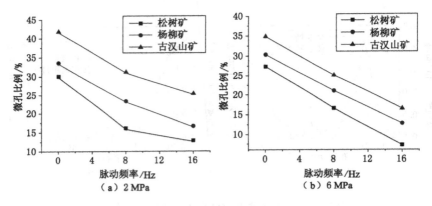

图 2-11　不同脉动压力和频率下微孔体积比例变化情况

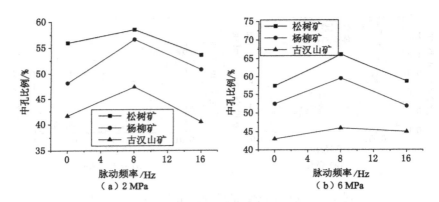

图 2-12　不同脉动压力和频率下中孔体积比例变化情况

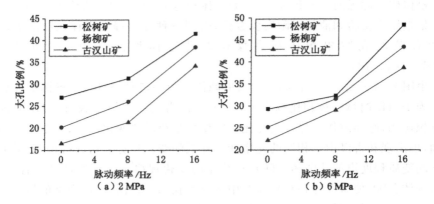

图 2-13　不同脉动压力和频率下大孔体积比例变化情况

2.6　扫描电镜图片的煤孔隙特性变化定性分析

以上论述对脉动波作用煤微观孔隙特性变化规律进行了定量分析,为了得到脉动侵入影响煤样孔隙特性的影响原因和机理,利用环境扫描电镜测试对煤表面孔隙特性进行定性分析,并结合能量色散谱仪测试煤样表面各种矿物质迁移变化规律,分析脉动波作用影响煤微观孔隙特性变化的机理。

2.6.1　扫描电镜设备及方法

扫描电子显微镜是科学研究和工业生产中探索微观世界、进行表面结构和成分表征不可缺少的工具。本实验采用的是 QuantaTM 250 环境扫描电子显微镜系列,如图 2-14 所示。为了使测试在完全真空的环境下进行,煤样表面喷涂金粉防止煤样表面矿物质等颗粒的损失以及其对设备的损害。

图 2-14　QuantaTM 250 环境扫描电子显微镜

2.6.2　不同种原煤微观孔隙特性变化分析

图 2-15 所示为古汉山矿、杨柳矿和松树矿原煤表面放大 10 000 倍的扫描电镜图像。

由图 2-15 可知,古汉山矿煤样表面比较平整,煤样没有明显的孔隙、裂隙。随着变质程度的降低,杨柳矿和松树矿煤样表面逐渐出现少量的微孔、大孔隙,但是没有较大的孔洞或裂隙;煤样表面均分布有少量的白色晶体矿物质,主要的矿物质镶嵌在煤的表面中。同时,松树矿煤样表面分布的白色晶体状矿物质要明显多于杨柳矿和古汉山矿,其中古汉山矿煤样表面平整,表面存在少量晶体矿物质,无明显孔隙可见。由图 2-15 可以得出,随着煤样变质程度的降低,表面镶嵌的矿物质增加,并且煤样表面的大孔隙逐渐显现,即煤变质程度越低,煤样的孔隙发育则越充分。

对三种煤样表面分布的矿物质含量进行能量色散谱仪测试,如图 2-16 所示。

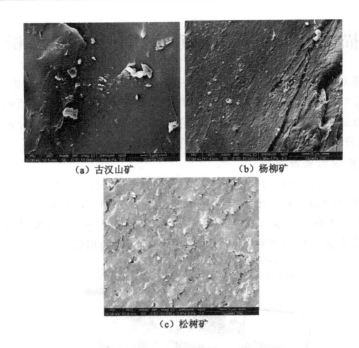

（a）古汉山矿　　　　　　（b）杨柳矿

（c）松树矿

图 2-15　古汉山矿、杨柳矿和松树矿原煤表面电镜扫描图像

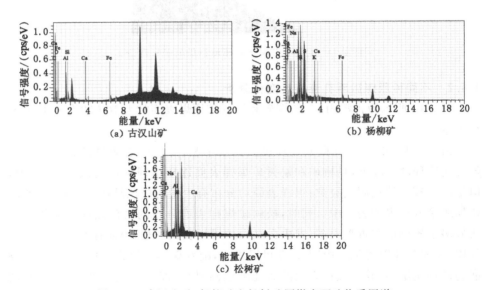

（a）古汉山矿　　　　　　（b）杨柳矿

（c）松树矿

图 2-16　古汉山矿、杨柳矿和松树矿原煤表面矿物质图谱

　　由图 2-16 可知,古汉山矿、杨柳矿和松树矿原煤表面矿物质主要含有钙、铁、铝、硅、硫等元素,形成了以铝硅酸盐、硫化亚铁和碳酸钙为主体的晶体状矿物质颗粒附着在煤的表面。同时,随着煤样变质程度的降低,表面镶嵌的矿物质元素含量呈增加趋势,则其矿物质含量同样增加。这可以通过对原煤样的工业分析进行验证,古汉山矿、杨柳矿和松树矿原煤矿物质含量为 5.92%、7.09% 和 10.88%,即随着煤样变质程度的降低,煤样矿物质含量亦增加。

2.6.3　不同脉动波强度对煤微观孔隙特性变化定性分析

　　以脉动波的峰值压力为 2 MPa 和 6 MPa 的不同频率条件下脉动侵入煤放大 10 000 倍的扫描电镜测试为例,定性分析脉动波作用对煤微观孔隙特性的影响。

　　如图 2-17 所示,脉动波作用后,煤样表面孔隙特性发生了很大的变化。与

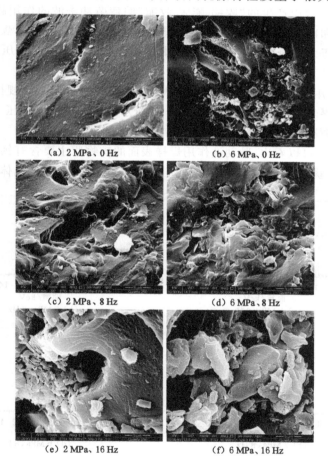

(a) 2 MPa、0 Hz　　　　　　　(b) 6 MPa、0 Hz

(c) 2 MPa、8 Hz　　　　　　　(d) 6 MPa、8 Hz

(e) 2 MPa、16 Hz　　　　　　　(f) 6 MPa、16 Hz

图 2-17　脉动压力 2 MPa 及 6 MPa 条件下侵入煤孔隙特性的扫描电镜图

古汉山矿原煤样相比,煤样表面孔隙数量增加、孔径增大,煤样表面具有因脉动波冲击形成的破坏程度,并附着的大量的白色晶体状的矿物质。煤表面的孔隙数量、孔隙体积及煤样表面破坏程度均随着脉动强度的增强而增加。

由图 2-17 可以得出,脉动波冲击煤体主要出现两类孔隙,一类是扩孔作用形成的孔隙,即脉动水对煤原有孔隙进行扩张,主要体现在对煤的原生孔、溶蚀孔、矿物铸模孔和原生粒间孔的孔径变大,这类孔隙孔口尖锐,棱角明显。另一类是冲蚀作用形成的孔隙,即脉动波使煤体中镶嵌的矿物质晶体冲蚀出其占的空间,产生新的孔隙,这类孔隙孔口无明显棱角,由于矿物质晶体被冲蚀同时带走少量煤渣,因此孔口处留下粗糙痕迹。镶嵌在煤体表面的矿物质晶体越多,得到冲蚀的数量越多,产生的孔隙则越多。同时,脉动波峰值压力及频率越大,脉动水在侵入过程中产生的"收缩-膨胀-收缩"的疲劳冲击波的作用越大,对煤样的扩孔作用和冲蚀作用越大,煤的孔隙特性变化就越明显。因此,煤样的微孔体积随着脉动压力及频率的增加而减小,中孔和大孔体积随着脉动压力及频率的增加而增大。

同时,采用能量色散谱仪测试煤样表面各种矿物质迁移变化规律,定量分析脉动波冲击煤表面的矿物质含量。图 2-18 所示为脉动波的峰值压力 2 MPa 和 6 MPa 不同频率条件下侵入煤样表面矿物质图谱。

由图 2-18 可以看出,脉动波作用煤样表面的矿物质主要含有钙、铁、铝、硅、硫等元素,这就形成了以铝硅酸盐、硫化亚铁和碳酸钙为主体的晶体状颗粒附着

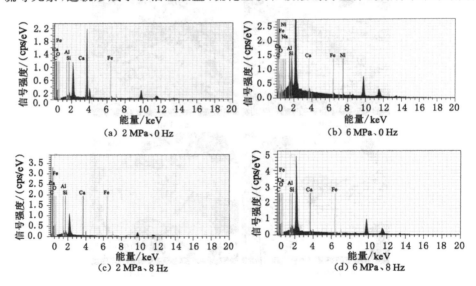

图 2-18 脉动压力 2 MPa 和 6 MPa 条件下侵入煤样表面矿物质图谱

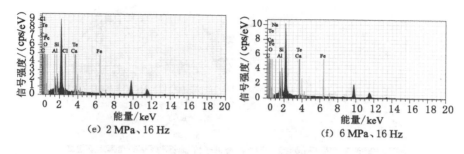

(e) 2 MPa、16 Hz　　　(f) 6 MPa、16 Hz

图 2-18　（续）

在煤的表面。而且随着脉动波强度的增加,各元素的含量逐渐增加,可以验证得出,随着脉动压力及频率的增加,脉动波的冲蚀作用逐渐增加,更多的矿物质晶体被冲蚀出来附着在煤样表面,增加了煤样的孔隙度,影响着煤样孔隙特性的变化。

2.6.4　脉动波作用不同煤种微观孔隙特性变化分析

对杨柳矿、松树矿煤样在脉动压力为 2 MPa,脉动频率为 0 Hz、8 Hz 和 16 Hz 的脉动波作用煤样进行放大 10 000 倍的扫描电镜测试进行分析,如图 2-19 和图 2-20 所示。

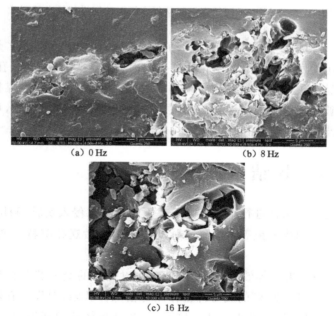

(a) 0 Hz　　　　　　(b) 8 Hz

(c) 16 Hz

图 2-19　2 MPa 不同频率下脉动侵入杨柳矿煤样扫描电镜图像

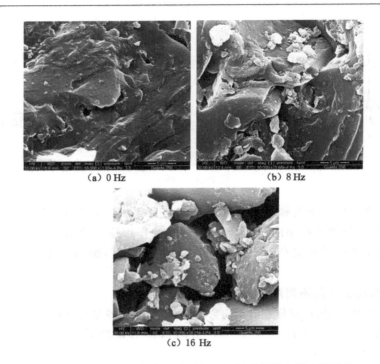

（a）0 Hz

（b）8 Hz

（c）16 Hz

图 2-20　2 MPa 不同频率下脉动侵入松树矿煤样扫描电镜图像

由图 2-19 和图 2-20 可以看出,脉动波侵入后,杨柳矿和松树矿煤样表面与其原煤样相比均发生了明显的变化。煤样表面形成了大量的孔隙、孔洞,并附着大量的白色晶体矿物质。随着脉动频率的增加,杨柳矿和松树矿煤样表面受脉动波冲击的破坏程度增大,表面附着的白色晶体矿物质增多,因此,可以验证其煤样受脉动波作用影响其孔隙特性变化规律与古汉山矿煤样相同。

2.7　本 章 小 结

本章对选取的煤样进行不同参量条件下的脉动水侵入实验,利用压汞法、液氮吸附法和环境扫描电镜等方法研究脉动波作用煤微观孔隙特性变化规律,主要结论如下:

（1）脉动波形近似等效为正弦波,脉动水以强烈的交变载荷作用于孔隙表面,产生"收缩-膨胀-收缩"的疲劳冲击作用冲击煤体孔隙,对煤体孔隙产生疲劳破坏。一方面,脉动波激发煤层孔隙堵塞物,疏通煤体孔隙通道,提高煤层渗透率;另一方面,煤体在交变应力下产生疲劳破坏,脉动水比在静压载荷作用下侵入煤体微观孔隙尺寸更小,并对更小微孔产生疲劳扩孔作用。

（2）煤样在脉动载荷下孔隙度均大于恒压载荷下的孔隙度,且脉动频率越大、峰值压力越大,在脉动波不断反复冲击煤样的条件下,对煤样孔隙度的影响越明显,脉动波不断扩容原有孔隙或产生新的孔隙,使煤样孔隙度增加。

（3）脉动波作用影响不同变质程度煤的孔径分布变化规律是一致的。脉动载荷导致煤样三阶段的孔隙体积随孔径分布发生变化。微孔累积体积及其比例随着脉动频率和压力的增加而减小;大孔累积体积及其比例则呈现增加趋势;中孔累积体积增加,其比例在低频阶段呈增加趋势,高频阶段中孔比例下降。

（4）脉动波作用煤体主要出现两类孔隙,一类是扩孔作用形成的孔隙,即脉动波作用煤体原有孔隙扩张,主要体现在对煤的原生孔、溶蚀孔、矿物铸模孔和原生粒间孔的孔径变大。另一类是冲蚀作用形成的孔隙,即脉动波冲击煤体中镶嵌的矿物质晶体冲蚀出其占的空间,产生新的孔隙,镶嵌在煤体表面的矿物质晶体越多,得到冲蚀的数量越多,产生的孔隙则越多。

参 考 文 献

[1] 徐绳武.柱塞式液压泵[M].北京:机械工业出版社,1985:312.

[2] 孟昭君,颜世华,赵正均.2BZ-40/12型脉冲式煤层注水泵的应用[J].煤矿安全,2006,37(9):37-39.

[3] 彭深,林柏泉,翟成,等.本煤层脉动水力压裂卸压增透技术应用[J].煤炭工程,2014,46(5):36-38.

[4] 李贤忠,林柏泉,翟成,等.单一低透煤层脉动水力压裂脉动波破煤岩机理[J].煤炭学报,2013,38(6):918-923.

[5] 李全贵,林柏泉,翟成,等.煤层脉动水力压裂中脉动参量作用特性的实验研究[J].煤炭学报,2013,38(7):1185-1190.

[6] GAN H, NANDI S P, WALKER JR P L. Nature of the porosity in American coals[J]. Fuel,1972,51(4):272-277.

[7] 郝琦.煤的显微孔隙形态特征及其成因探讨[J].煤炭学报,1987(4):51-56.

[8] 张慧.煤孔隙的成因类型及其研究[J].煤炭学报,2001,26(1):40-44.

[9] 霍多特.煤与瓦斯突出[M].宋世钊,王佑安,译.北京:中国工业出版社,1966.

[10] ROUQUEROL J, AVNIR D, FAIRBRIDGE C, et al. Recommendations for the characterization of porous solids[J]. Pure and applied chemistry,1994,66(8):1739.

[11] 抚顺煤炭科学研究所.煤层烃类气体组分与煤岩煤化关系的研究[R].抚顺:抚顺煤炭科学研究所,1985.

[12] 秦勇,徐志伟,张井.高煤级煤孔径结构的自然分类及其应用[J].煤炭学报,1995,20(3):266-271.

[13] 俞启香.矿井瓦斯防治[M].徐州:中国矿业大学出版社,1992:1-19.

[14] 肖知国.煤层注水抑制瓦斯解吸效应实验研究与应用[D].焦作:河南理工大学,2010.

[15] 郭红玉,苏现波.煤层注水抑制瓦斯涌出机理研究[J].煤炭学报,2010,35(6):928-931.

[16] 李瑞,王坤,王于健.提高煤岩渗透性的酸化处理室内研究[J].煤炭学报,2014,39(5):913-917.

[17] 陈向军,程远平,王林.不同变质程度煤的孔径分布及其对吸附常数的影响[J].煤炭学报,2013,38(2):294-300.

[18] 全国煤炭标准化技术委员会.煤岩分析样品制备方法:GB/T 16773—2008[S].北京:中国标准出版社,2009.

[19] 全国煤炭标准化技术委员会.煤的显微组分组和矿物测定方法:GB/T 8899—2013[S].北京:中国标准出版社,2014.

[20] 全国煤炭标准化技术委员会.煤的工业分析方法 仪器法:MT/T 1087—2008[S].北京:煤炭工业出版社,2010.

[21] 全国煤炭标准化技术委员会.煤的镜质体反射率显微镜测定方法:GB/T 6948—2008[S].北京:中国标准出版社,2009.

[22] 全国煤炭标准化技术委员会.中国煤炭分类:GB/T 5751—2009[S].北京:中国标准出版社,2010.

第 3 章　脉动压裂煤中瓦斯解吸特性

有学者提出煤层注水封闭了吸附瓦斯解吸的通道,降低掘进或采煤时破碎煤体的解吸速度和解吸量,从延缓瓦斯释放速度的角度出发加以利用,对防止工作面瓦斯超限具有十分重要的意义。但是,降低瓦斯解吸量和解吸速度在本质上没有排除煤与瓦斯突出的根源,煤层瓦斯抽不出,可能在煤层内形成新的局部应力集中区。在掘进或采煤过程中,可能诱发新的煤与瓦斯突出等瓦斯灾害。因此,必须在脉动水力压裂后,通过钻孔最大限度地抽采煤层瓦斯。这样既可以从根本上解决煤与瓦斯突出的危险,又可以充分利用瓦斯资源。

本章利用自行设计的脉动压裂和静压压裂作用下瓦斯解吸装置,实验研究脉动压裂和静压压裂影响瓦斯解吸随时间的变化情况,对比分析脉动压裂过程中置换-驱替瓦斯特性,以及后期瓦斯自然解吸特性、后期瓦斯解吸速度等动力学特性,并综合分析脉动水力压裂促进或抑制瓦斯解吸效果,优化脉动参量,最大限度地增加瓦斯的解吸量,促进煤层瓦斯抽采。

3.1　脉动水力压裂影响煤中瓦斯解吸实验系统

图 3-1 为脉动压裂和静压压裂作用下瓦斯解吸实验系统结构图。脉动水力压裂影响煤体瓦斯解吸特性实验系统采用自行设计的脉动压裂和静压压裂作用下瓦斯解吸实验系统,其由两个子系统组成,即脉动水力压裂子系统和瓦斯吸附-解吸子系统。

3.1.1　脉动水力压裂子系统

本章利用的脉动水力压裂子系统即为第 2 章的脉动压裂系统,由脉动压裂注水泵、阻尼装置、变频控制柜及水箱等四部分组成,启用阻尼装置可以消除脉动频率的影响,实现静压压裂。

3.1.2　瓦斯吸附-解吸子系统

瓦斯吸附-解吸子系统主要由真空脱气单元、瓦斯吸附-解吸测试单元和恒

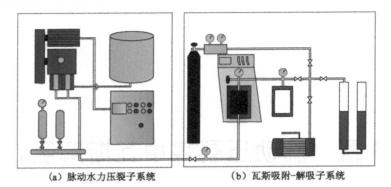

| (a) 脉动水力压裂子系统 | (b) 瓦斯吸附-解吸子系统 |

图 3-1　脉动压裂和静压压裂作用下瓦斯解吸系统结构图

温单元组成。图 3-2 为瓦斯吸附-解吸子系统实物图。

图 3-2　瓦斯吸附-解吸子系统实物图

　　真空脱气单元主要由真空泵及连接管组成。真空泵为 FY-2C-N 型,抽气速度 7.2 m^3/min,极限真空 2 Pa。

　　瓦斯吸附-解吸测试单元由缓冲罐、瓦斯吸附罐、瓦斯高压瓶、减压阀、智能数字压力表及瓦斯解吸测试装置组成。瓦斯高压瓶的内部瓦斯压力为 15 MPa,瓦斯纯度为 99.99%,通过减压阀控制其压力变化,减压阀可实验输入压力为 25 MPa,输出压力范围为 0~15 MPa;精密数字压力表采用 AOB-20 型智能数字压力表,量程为 -0.1~20 MPa,精度为 0.5%F.S.,监测瓦斯吸附-解吸过程的压力变化;瓦斯解吸测气装置解吸单管体积为 1 000 mL,精度为 2 mL。

　　瓦斯吸附罐的设计采用上端口通瓦斯下端口注水的方式,不锈钢材质,耐压 20 MPa,采用"O"形圈密封。罐体内径为 101 mm,高 102 mm,罐体底面中心位置设置高为 75 mm、外径为 8 mm 的模拟压裂管,压裂管壁面开有两个长度为 10 mm 的出水孔洞。实验煤样为直径 100 mm、高 100 mm 的圆柱形煤样,煤样底部中心钻直径为 10 mm、深度为 80 mm 的模拟压裂钻孔,通过煤样罐盖的旋转压力和罐底部设置的密封圈实现模拟钻孔的密封。图 3-3 为瓦斯吸附罐及实验煤样的实物图。

（a）瓦斯吸附罐　　　　　　　　　　　　（b）实验煤样

图 3-3　瓦斯吸附罐及实验煤样实物图

恒温单元采用 601 型超级恒温水浴,控温范围为 5~99 ℃,恒温波动不大于 0.5 ℃,采用数字显示恒温设定与测量,可以满足实验温度要求。

3.2　实验方案设计

3.2.1　煤样的选取及制备

实验煤样选自焦作煤业集团古汉山矿、淮北矿业集团杨柳矿、通化矿业集团松树矿,所选煤层均属于低透气性煤层。根据第 2 章工业分析和煤岩分析结果,得出古汉山矿煤样属于高变质程度无烟煤,杨柳矿煤样属于中等变质程度肥煤,松树矿煤样属于低变质程度长焰煤。

在制备煤样方面,无注水条件下高压等温吸附-解吸的煤样粒径选择上,国家标准 GB/T 19560—2008[1] 规定的是 0.18~0.25 mm,国内很多学者也通常采用这一标准。但是,在研究煤层注水对煤的瓦斯吸附-解吸影响时,国内很多学者的选择却不尽相同。例如,张国华[2] 进行高压注水中水对瓦斯解吸影响实验时采用 20~30 mm 的煤样粒径;赵东等[3] 则选用 ϕ100 mm×150 mm 的大块圆柱形煤样进行高压注水对煤体瓦斯解吸特性研究。本书认为在研究煤层脉动水力压裂影响瓦斯解吸特性时,应该尽可能选择大粒径的煤样,原因有三个:

(1) 大粒径煤样可以较完整地保存煤体原有孔隙、裂隙结构,可以更加真实地模拟煤矿井下脉动水力压裂过程;

（2）降低由于煤的注水不均匀性和离散性而带来的实验误差，以便较充分地说明实验结果的普遍性；

（3）减少由于煤粒振荡引起的瓦斯解吸结果误差，实验结果更具有准确性。

同时，为了更加真实地模拟脉动水力压裂过程，采用 $\phi100$ mm×100 mm 的圆柱形原煤，同时在原煤底面中心位置，钻直径为 10 mm、深度为 80 mm 的钻孔。煤样罐的底部压裂管插入煤样钻孔内，实施脉动水力压裂。

3.2.2 实验方案及步骤

脉动水力压裂影响瓦斯解吸特性实验采用先使煤样吸附平衡瓦斯，再进行脉动压裂的实验方案。由于突出煤层的瓦斯压力一般大于 0.74 MPa，为了实验分析过程的简便性，选择的瓦斯吸附平衡压力为 1.0 MPa；脉动压裂峰值压力分别选择是瓦斯平衡压力的 2 倍、4 倍、6 倍和 8 倍，即 2 MPa、4 MPa、6 MPa 和 8 MPa；脉动压裂频率选择 0 Hz、4 Hz、8 Hz、12 Hz、16 Hz 及 20 Hz；根据现场脉动水力压裂实施经验，单孔脉动压裂时间一般为 30 min 左右，因此，实验脉动压裂时间设定在 30 min。

按照压裂方式，高变质程度古汉山矿煤样瓦斯解吸实验分为三类：无注水压裂条件下干燥煤样的瓦斯自然解吸实验；频率为 0 Hz，压裂压力分别为 2 MPa、4 MPa、6 MPa 及 8 MPa 时的静压压裂实验；频率分别为 4 Hz、8 Hz、12 Hz、16 Hz 及 20 Hz，脉动峰值压力分别为 2 MPa、4 MPa、6 MPa 及 8 MPa 时的脉动水力压裂实验。

同时，为了研究不同变质程度煤样脉动水力压裂影响瓦斯解吸特性差异，以脉动峰值压力 2 MPa 和 6 MPa，脉动频率 0 Hz、8 Hz 和 16 Hz 为例，对中等变质程度杨柳矿煤样和低变质程度松树矿煤样进行静压及脉动压裂实验。

脉动水力压裂影响瓦斯解吸实验步骤如下：

（1）将制备好的煤样放置于真空干燥箱中，在 105 ℃条件下抽真空并加热 4 h，进行煤样干燥。

（2）冷却后将干燥煤样装入煤样罐中，利用高压氦气检验吸附装置的气密性。检验完毕后，连接煤样罐和真空泵，把煤样罐放入恒温水浴中，设定恒温水浴温度为 60 ℃，启动真空泵对煤样进行脱气，脱气时间为 8 h。

（3）将恒温水浴单元温度调至 30 ℃，打开高压瓦斯瓶，迅速向缓冲罐内充入 99.99% 的瓦斯气体。调节缓冲罐和煤样罐阀门，使瓦斯吸附平衡压力达到 1.0 MPa。记录实验环境大气压力及温度。

（4）干燥煤样游离气体体积测试。干燥煤样吸附平衡后，在实施脉动水力压裂前，迅速打开煤样罐与解吸测试装置阀门，测量游离气体的体积，当煤样罐压力表降为 0 时，关闭阀门。记录环境大气压力和温度。

（5）连接煤样罐的下端口和脉动压裂注水泵出水口，启动脉动压裂系统。分别调节脉动峰值压力和脉动频率到各个预定值，采用不同压裂方式依次对煤样罐进行压裂 30 min。

（6）压裂结束后，立即打开煤样罐与瓦斯解吸测试装置阀门，使压裂过程中置换-驱替的瓦斯气体进入一个瓦斯解吸管，当煤样罐压力表降为 0 时，迅速旋转三通并启动计时装置，使解吸的瓦斯进入另一解吸管，在各个预定时间读取解吸管累计解吸量，直至在 1 个大气压下 1 h 内的解吸量小于 0.06 mL/g 时结束，并视为煤样不再解吸，记录瓦斯解吸结果、实验环境大气压力及温度。

（7）测试数据处理，进行实验分析及讨论。为了使实验数据具有可比性，需要将测试的解吸数据换算为标准状态下的体积，其公式为：

$$Q(t) = \frac{273.2}{101\,325(273.2+T)}(p_0 - 9.8h_{\mathrm{w}} - p_{\mathrm{s}}) \cdot Q'(t) \tag{3-1}$$

式中　$Q(t)$——t min 内标准状态下瓦斯解吸量，mL/g；

$Q'(t)$——环境温度下 t min 内实测瓦斯解吸量，mL/g；

T——实验环境温度，K；

p_0——实验环境大气压力，Pa；

h_{w}——实验时量管内的液柱高度，mm；

p_{s}——温度 T 时的饱和水蒸气压力，Pa。

3.3　脉动水力压裂过程瓦斯置换-驱替特性

3.3.1　瓦斯置换-驱替量测定方法

煤体孔隙表面附着大量的吸附瓦斯，当其他气体或液体侵入煤体后，由于各物质吸附能力的差异，在煤的表面存在着竞争吸附的作用，比瓦斯吸附能力强的气体或液体就会代替瓦斯的吸附位置，从而把瓦斯置换出来，这种现象称为瓦斯置换解吸，同时在脉动水的携带驱替下，置换的瓦斯被驱替出煤体。

测定脉动水力压裂过程瓦斯置换-驱替量的方法采用直接测试法[4]，其测试方法如下：

（1）干燥煤样游离气体体积测试。在干燥煤样吸附平衡后，实施脉动水力压裂前，迅速打开煤样罐与解吸测试装置阀门，测量游离气体的体积，当煤样罐压力表降为零时，关闭阀门。记录环境大气压力和温度。

（2）压裂后煤样罐游离气体体积测试。压裂结束后，立即打开煤样罐与瓦斯解吸测试装置阀门，使压裂过程中置换-驱替的瓦斯气体进入一个瓦斯解吸管，测量气体体积为 V_1；当煤样罐压力表降为 0 时，迅速旋转三通并启动计时装置,使解吸的瓦斯进入另一解吸管,在各个预定时间读取解吸管累计解吸量,直至在 1 个大气压下 1 h 内的解吸量小于 0.06 mL/g 时结束,并视为煤样不再解吸,记录瓦斯解吸结果、实验环境大气压力及温度。

(3) 置换-驱替量的计算。因为在实施压裂之前,煤样罐中存在除煤样外的剩余空间体积 V_0,而压裂实施后,这部分空间体积被水替代,V_1 的气体体积量包括 V_0 的气体体积和压裂过程中置换-驱替出的瓦斯体积。因此,压裂过程置换-驱替的瓦斯量 $V=V_1-V_0$。后一个瓦斯解吸管测量的在各个预定时间的瓦斯解吸量为压裂后期瓦斯自然解吸量。

3.3.2 置换-驱替气体组分分析

为了验证实验系统及瓦斯置换-驱替测定方法的可靠性,利用 A5000 气相色谱仪对置换-驱替气体组分(O_2、N_2、CH_4)进行测定,检测气体 V_1 的各组分含量,如图 3-4 所示。

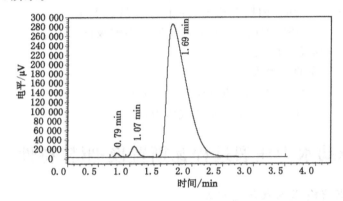

图 3-4　气相色谱图

由图 3-4 和气相色谱仪测试原理可得,检测气体 V_1 气相色谱图主要存在 3 个谱峰,依次为 O_2、N_2、CH_4,且其峰面积大小不同。其中 CH_4 峰面积最大,O_2 峰面积最小,经过 A5000 气相色谱工作站软件反演得到结果,如表 3-1 所列。

表 3-1　谱图积分反演结果

气体名称	保留时间/min	峰高/μV	峰面积/(μV·min)	含量/%
O_2	0.79	8 894	45 889	0.72
N_2	1.07	22 957	182 459	2.84
CH_4	1.69	282 152	6 184 762	96.44

由表 3-1 可得,检测气体中 CH_4、N_2 和 O_2 的含量依次为 96.44%、2.84% 和

0.72％。将气体 V_1 体积中瓦斯浓度与实验原始瓦斯浓度（99.99％）相比，V_1 体积中瓦斯浓度略小于原始瓦斯浓度，考虑到在气相色谱仪测试中取气等过程存在的误差，可以排除大气空气对实验过程的干扰，保证实验系统及瓦斯置换-驱替量测定方法的可靠性。

3.3.3　脉动频率影响瓦斯置换-驱替特性

　　在压裂过程中，首先存在着对瓦斯置换解吸过程，然后置换出的瓦斯被脉动水的驱替而排出煤体。经过公式（3-1）计算得到古汉山矿煤样在标准状态下脉动水力压裂过程置换-驱替瓦斯量结果，如图 3-5 所示。

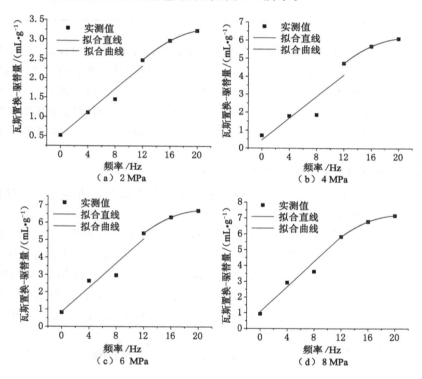

图 3-5　瓦斯置换-驱替量随脉动频率变化情况

　　由图 3-5 可以看出，相同峰值压力条件下，静压压裂产生的瓦斯置换-驱替量明显小于脉动水力压裂，且置换-驱替量随着脉动频率的增加而增加。在脉动频率增加初期，即其小于 12 Hz 时，脉动频率对瓦斯置换-驱替特性影响显著，脉动压裂过程中瓦斯置换-驱替量随着脉动频率的增加而呈近似线性增加趋势；若脉动频率继续增加，影响作用逐渐减弱，瓦斯置换-驱替量呈近似对数增加趋势。如表 3-2 所列，为在不同脉动峰值压力条件下，瓦斯置换-驱替量与脉动频率变化关系的拟合公式。

表 3-2　瓦斯置换-驱替量与脉动频率变化关系的拟合公式

脉动峰值 压力/MPa	拟合公式		相关系数 R^2	
	<12 Hz	>12 Hz	<12 Hz	>12 Hz
2	$y = 0.18x + 0.31$	$y = 1.41\ln x - 1.12$	0.88	0.99
4	$y = 0.30x + 0.42$	$y = 3.01\ln x - 3.03$	0.84	0.99
6	$y = 0.35x + 0.85$	$y = 2.78\ln x - 1.73$	0.87	0.99
8	$y = 0.40x + 1.07$	$y = 2.78\ln x - 1.16$	0.98	0.97

由表 3-2 可以看出,在脉动频率增加初期,即频率小于 12 Hz 时,脉动压裂过程中瓦斯置换-驱替量随着脉动频率的增加较好地服从了近似线性增加趋势;同时,峰值压力越大,公式中代表斜率的数值越高,说明在高压条件下,瓦斯置换-驱替量随脉动频率增加速度及程度要大于低压条件。随着脉动频率继续增加,瓦斯置换-驱替量较好地服从了近似对数形式增加,且在一定频率下趋于稳定。

3.3.4　脉动峰值压力影响瓦斯置换-驱替特性

经过公式(3-1)计算得到古汉山矿煤样在标准状态下脉动水力压裂过程瓦斯置换-驱替量结果,如图 3-6 所示。

由图 3-6 可以看出,在脉动频率一定的条件下,压裂过程中瓦斯置换-驱替量均随着脉动峰值压力的增加而呈对数形式增加。当频率为 0 Hz 的静压压裂时,压裂过程中瓦斯置换-驱替量从 2 MPa 的 0.52 mL/g 增加到 8 MPa 的 0.93 mL/g;4 Hz 时,瓦斯置换-驱替量从 2 MPa 的 1.11 mL/g 增加到 8 MPa 的 2.93 mL/g;20 Hz 时,瓦斯置换-驱替量从 2 MPa 的 3.23 mL/g 增加到

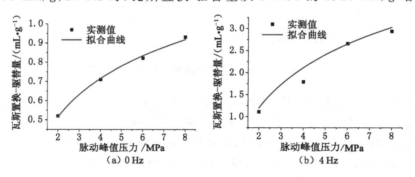

图 3-6　瓦斯置换-驱替量随脉动峰值压力变化情况

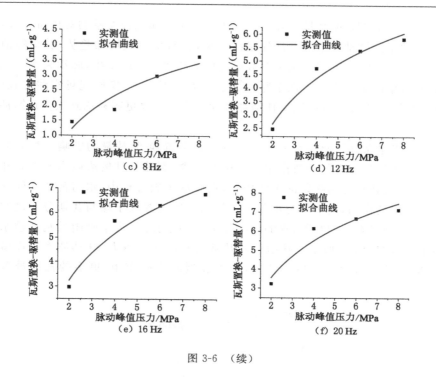

图 3-6 （续）

8 MPa 的 7.15 mL/g。表 3-3 所列为在不同脉动频率条件下，瓦斯置换-驱替量与脉动峰值压力变化关系的拟合公式。

表 3-3　瓦斯置换-驱替量与脉动峰值压力变化关系的拟合公式

脉动频率/Hz	拟合公式	相关系数 R^2
0	$y = 0.29\ln x + 0.31$	0.99
4	$y = 1.32\ln x + 0.28$	0.94
8	$y = 1.57\ln x + 0.14$	0.84
12	$y = 2.44\ln x + 1.97$	0.95
16	$y = 2.67\ln x + 1.32$	0.93
20	$y = 2.83\ln x + 1.59$	0.90

　　由表 3-3 可知，在脉动频率不变时，压裂过程中置换-驱替的瓦斯解吸量随着脉动峰值压力的增加很好地符合了对数增加的形式，各拟合相关系数均在 0.80 以上，拟合效果较好，但是拟合相关系数与脉动频率之间并没有明显的关系。

通过瓦斯置换-驱替量与脉动水力压裂参量之间拟合关系的对比可以发现，置换-驱替量随脉动频率的增加先呈线性增加、后呈对数增加趋势，脉动峰值压力的增加使瓦斯置换-驱替量呈对数形式增加趋势。可以得出，脉动频率对瓦斯置换-驱替量的影响程度要强于脉动峰值压力。因此，在煤矿现场实践过程中，选择增加脉动水力压裂的频率比增加脉动峰值压力要更容易达到强化瓦斯抽采的效果。

不同参量条件下脉动水力压裂过程中瓦斯置换-驱替量的影响归根到底是脉动水力压裂过程中脉动波作用煤体微观孔隙、裂隙特性的影响引起的。在微观上，煤体微孔是瓦斯吸附的主要场所，在脉动压裂过程中，水与瓦斯之间存在着竞争吸附的作用，由于煤与水分子之间的作用力要大于煤与瓦斯分子之间的作用力，对于煤表面的吸附，水的吸附能力要强于瓦斯，大量吸附的瓦斯被水置换出来[5-8]，如图 3-7 所示。脉动频率及脉动峰值压力越大，脉动波作用煤微观孔隙越深，脉动水侵入煤更小孔隙，产生强烈的置换作用，更多的瓦斯被置换出来。

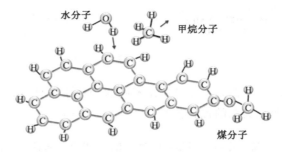

图 3-7　水分子在煤表面置换甲烷分子示意图

脉动波作用反复冲击煤体孔隙，产生扩孔作用和冲蚀作用，随着作用时间和脉动强度的增加，孔隙变化使煤样在宏观上破裂产生裂缝，形成并扩大了水驱替瓦斯流动的通道，置换出的瓦斯在压裂过程的驱替作用下排出煤体。如图 3-8(a)所示，在静压条件下，煤样破坏程度小，产生裂缝数量少（只有一条穿过钻孔的主裂缝），裂缝宽度小。如图 3-8(b)、(c)、(d)和(e)所示，随着脉动频率和脉动峰值压力的增加，煤样受脉动波破坏程度增加，在脉动波"收缩-膨胀-收缩"的疲劳冲击作用下，产生的裂缝数量和裂缝宽度增加。随着脉动强度增加，新裂隙贯穿煤样原有裂隙，产生裂隙的转向，形成多条次级裂缝，并发育了煤样原有裂缝，增大了脉动压裂驱替瓦斯流动的通道，置换的瓦斯被脉动水驱替出煤体。

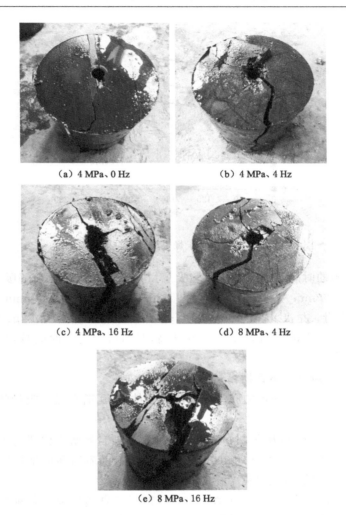

(a) 4 MPa、0 Hz　　　　　　　(b) 4 MPa、4 Hz

(c) 4 MPa、16 Hz　　　　　　(d) 8 MPa、4 Hz

(e) 8 MPa、16 Hz

图 3-8　不同压裂方式下煤样裂隙发育程度情况

3.4　脉动水力压裂后期瓦斯自然解吸特性

3.4.1　干燥煤样自然解吸特性

对三种变质程度煤的干燥煤样瓦斯自然解吸特性进行分析,如图 3-9 所示。

由图 3-9 可以看出,三种干燥煤样瓦斯自然解吸量随着时间的增加而增加,瓦斯的初始解吸速度较快,随着时间的增加瓦斯解吸速度逐渐变慢,快速解吸主要集中在前 60 min 以内。还可以看出,古汉山矿、杨柳矿、松树矿三种煤样到达

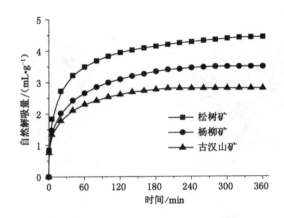

图 3-9　不同煤种干燥煤样瓦斯自然解吸量

瓦斯解吸平衡的时间及最终的瓦斯解吸总量均不同。对于瓦斯解吸平衡时间，古汉山矿为 200 min 左右、杨柳矿为 260 min 左右、松树矿为 360 min 左右；对于瓦斯解吸总量，古汉山为 2.80 mL/g、杨柳矿为 3.49 mL/g、松树矿为 4.43 mL/g。可以得出，煤样变质程度越高，瓦斯解吸终止时间越短，瓦斯的最终解吸量越小。

3.4.2　不同压裂方式下瓦斯自然解吸特性

图 3-10 所示为在一定的脉动峰值压力条件下，瓦斯自然解吸量随着脉动频率的变化情况。

如图 3-10 所示，静压压裂和脉动压裂后期瓦斯自然解吸曲线与干燥煤样自然解吸曲线形状一致。瓦斯的初始解吸速度较快，随着时间的增加瓦斯解吸速度逐渐变慢，快速解吸主要集中在前 60 min 以内。

在脉动峰值压力一定时，脉动频率对后期瓦斯自然解吸的影响具有一定的规律。低压条件下，静压压裂后期瓦斯自然解吸量大于各频率下的脉动水力压裂后期瓦斯自然解吸量；随着脉动压力和频率的增加，压裂后期瓦斯自然解吸量增加，但依然小于静压压裂；当压力达到 6 MPa 和 8 MPa，脉动频率达到 20 Hz 时，脉动压裂后期瓦斯自然解吸量大于静压压裂。可以得出，脉动压裂后期瓦斯自然解吸量随着脉动强度的增加而增加，并最终大于静压压裂。

由图 3-10 与图 3-9 对比可以得出，经过压裂后的古汉山矿煤样后期瓦斯自然解吸量均小于其干燥煤样的自然瓦斯解吸量。统计图 3-10 中各脉动参量协同条件下煤样后期瓦斯自然解吸量的结果及其所占干燥煤样自然瓦斯解吸量的比例见表 3-4～表 3-7。

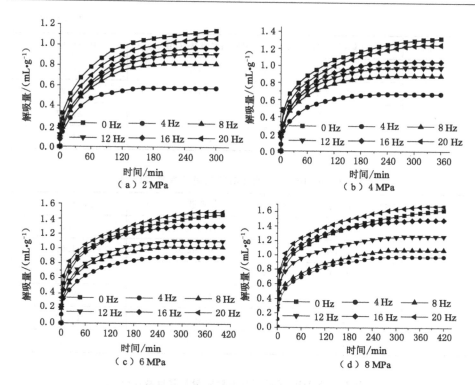

图 3-10　不同频率条件下后期瓦斯解吸量随时间的变化

表 3-4　2 MPa 下后期瓦斯解吸量及其衰减比例

频率/Hz	干燥煤样解吸量/(mL·g^{-1})	压裂后期解吸量/(mL·g^{-1})	衰减比例/%
0	2.802 3	1.141 6	40.74
4	2.802 3	0.575 8	20.55
8	2.802 3	0.814 5	29.07
12	2.802 3	0.910 5	32.49
16	2.802 3	0.970 5	34.63
20	2.802 3	1.067 2	38.08

表 3-5　4 MPa 下后期瓦斯解吸量及其衰减比例

频率/Hz	干燥煤样解吸量/(mL·g^{-1})	压裂后期解吸量/(mL·g^{-1})	衰减比例/%
0	2.802 3	1.321 2	47.15
4	2.802 3	0.666 9	23.80

表 3-5(续)

频率/Hz	干燥煤样解吸量/(mL·g^{-1})	压裂后期解吸量/(mL·g^{-1})	衰减比例/%
8	2.802 3	0.882 9	31.51
12	2.802 3	0.978 9	34.93
16	2.802 3	1.047 2	37.37
20	2.802 3	1.246 0	44.46

表 3-6 6 MPa 下后期瓦斯解吸量及其衰减比例

频率/Hz	干燥煤样解吸量/(mL·g^{-1})	压裂后期解吸量/(mL·g^{-1})	衰减比例/%
0	2.802 3	1.458 7	52.05
4	2.802 3	0.882 9	31.51
8	2.802 3	1.026 5	36.63
12	2.802 3	1.104 9	39.43
16	2.802 3	1.309 2	46.72
20	2.802 3	1.492 7	53.27

表 3-7 8 MPa 下后期瓦斯解吸量及其衰减比例

频率/Hz	干燥煤样解吸量/(mL·g^{-1})	压裂后期解吸量/(mL·g^{-1})	衰减比例/%
0	2.802 3	1.621 5	57.86
4	2.802 3	0.978 9	34.93
8	2.802 3	1.074 9	38.36
12	2.802 3	1.260 2	44.97
16	2.802 3	1.486 0	53.03
20	2.802 3	1.678 7	59.90

如表 3-4～表 3-7 所列,压裂后期瓦斯自然解吸量均小于干燥煤样瓦斯解吸量,其占干燥煤样自然瓦斯解吸量的衰减比例一般在 20%～60%之间。由此可见,压裂后期水的存在对瓦斯自然解吸有一种抑制作用。静压压裂条件下,其抑制瓦斯解吸作用小于脉动水力压裂,此时孔隙变化阶段称为Ⅰ阶段;随着脉动峰值压力和脉动频率的增加,脉动压裂抑制瓦斯自然解吸作用减弱,但仍大于静压压裂,此时孔隙变化阶段称为Ⅱ阶段;当压力达到 6 MPa 和 8 MPa,脉动频率达

到 20 Hz 时,脉动压裂抑制瓦斯解吸作用小于静压压裂,此时孔隙变化阶段称为
Ⅲ 阶段,如图 3-11 所示。

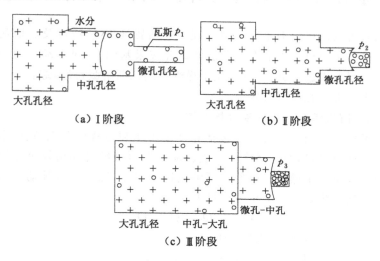

图 3-11　不同频率压裂条件下水分侵入煤孔隙阶段示意图

Ⅰ阶段:采用静压压裂时,水分侵入煤孔隙的程度较小,难以浸入微孔体积。
在煤体孔隙通道中,孔隙内瓦斯压力 p_1 可以克服水分和大孔、中孔间的毛细管
力等阻力作用而排出煤体。

Ⅱ阶段:脉动频率和峰值压力增加初期,一方面,由于其对煤体反复"膨胀-
收缩-膨胀"的脉动特性,使煤体孔隙产生较小的扩孔作用,起到降低一定毛细管
力作用;另一方面,水分侵入煤体更小的孔隙内,侵入孔隙深度加大,毛细管力增
加。扩孔产生毛细管力的降低作用小于侵入孔隙深度产生的毛细管力的增加作
用,致使孔隙内瓦斯压力 p_2 不足以克服毛细管力等阻力,阻碍了瓦斯的排出,导
致此阶段脉动压裂抑制瓦斯自然解吸作用依然大于静压压裂。

Ⅲ阶段:随着脉动频率和峰值压力的继续增加,脉动压裂过程中煤体反复
"膨胀-收缩-膨胀"的脉动特性对煤体孔隙产生扩孔作用继续增加,更多的微孔
转变为中孔或大孔,中孔变为大孔或微裂隙,使脉动压裂的水分与孔隙之间的毛
细管力等阻力减小作用大于侵入深度产生的毛细管力的增加作用。同时,脉动
频率的增加使残留水分后期置换作用加强[9-10],因此,置换作用强度加大,阻力
作用减弱,使更多的瓦斯排出煤体,这就是采用脉动压裂时,抑制瓦斯自然解吸
作用随着脉动参量的增加而减弱的原因,且当压力达到 6 MPa 和 8 MPa,脉动
频率达到 20 Hz 时,脉动压裂抑制瓦斯解吸作用小于静压压裂。

3.5 脉动水力压裂对瓦斯解吸综合作用效果分析

前面对古汉山矿脉动水力压裂过程中瓦斯置换-驱替特性及后期瓦斯自然解吸特性进行了分析。本节在综合前面研究成果基础上,对脉动水力压裂综合影响瓦斯解吸效果进行分析,并对比干燥煤样的瓦斯解吸特性,综合分析脉动水力压裂促进或抑制瓦斯解吸效果。

3.5.1 瓦斯解吸综合作用效果分析方法

本节考虑的瓦斯综合解吸量包括脉动水力压裂过程中瓦斯置换-驱替量和后期瓦斯自然解吸量,对脉动水力压裂影响瓦斯解吸综合作用效果分析就是对瓦斯综合解吸量与干燥煤样自然瓦斯解吸进行对比,综合分析脉动水力压裂促进或抑制瓦斯解吸效果。分析方法见下式:

$$Q_{变} = Q_1 + Q_2 - Q_0 \tag{3-2}$$

式中 $Q_{变}$——瓦斯解吸变化量,mL/g;

Q_1——压裂过程瓦斯置换-驱替量,mL/g;

Q_2——压裂后期瓦斯自然解吸量,mL/g;

Q_0——干燥煤样瓦斯自然解吸量,mL/g。

$Q_{变}$为正值,说明静压压裂和脉动水力压裂最终促进瓦斯解吸;$Q_{变}$为负值,说明抑制瓦斯解吸。

3.5.2 不同压裂方式对瓦斯解吸综合作用效果的影响

表 3-8 所列为不同脉动参量协同控制条件下,瓦斯综合解吸变化量 $Q_{变}$ 的数据统计情况。

表 3-8 瓦斯综合解吸变化量 $Q_{变}$ 的数据统计   单位:mL/g

压力		静压	低频		高频		
		0 Hz	4 Hz	8 Hz	12 Hz	16 Hz	20 Hz
低压	2 MPa	−1.14	−1.12	−0.54	0.58	1.14	1.49
	4 MPa	−0.77	−0.34	−0.06	2.91	3.92	4.54
高压	6 MPa	−0.52	0.73	1.19	3.69	4.82	5.38
	8 MPa	−0.25	1.11	1.89	4.29	5.46	6.03

从表中可以看出,在采用 0 Hz 的静压压裂时,以及在脉动峰值压力 2 MPa和 4 MPa、脉动频率 4 Hz 和 8 Hz 的脉动压裂时,瓦斯综合解吸变化量 $Q_{变}$ 出现了负值,说明此时的压裂方式最终是抑制瓦斯解吸的,这是因为压裂过程中瓦斯

置换-驱替量和后期瓦斯自然解吸量的总和要小于干燥煤样的瓦斯自然解吸量。随着脉动峰值压力或脉动频率的继续增加,脉动压裂后瓦斯综合解吸变化量 $Q_{变}$ 出现正值,说明采用此时的脉动参量协同控制的压裂方式,最终均是促进瓦斯解吸的。

依据不同压裂方式对瓦斯解吸综合作用效果,定义脉动峰值压力小于 4 MPa 时,称为脉动低压;峰值压力大于 6 MPa 时,称为脉动高压。定义频率小于 8 Hz 时,称为脉动低频;频率大于 12 Hz 时,称为脉动高频。则可以得出,静压压裂和低压-低频的压裂方式,抑制瓦斯解吸;低压-高频、高压-低频和高压-高频条件下的脉动压裂促进瓦斯解吸。

由表 3-8 中的数据,考察脉动频率对瓦斯解吸综合作用效果的影响规律,如图 3-12 所示。

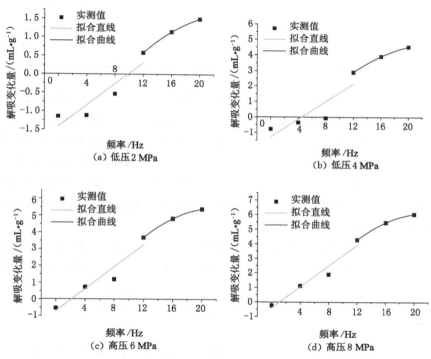

图 3-12　不同峰值压力条件下瓦斯解吸变化量与脉动频率的关系

由图 3-12 可以看出,在脉动峰值压力一定的条件下,各个频率下的脉动压裂瓦斯解吸变化量要大于静压压裂,且瓦斯解吸变化量随着脉动频率的增加而增加。通过数值拟合分析,在脉动频率增加初期,即其小于 12 Hz 时,瓦斯解吸变化量随着脉动频率的增加呈线性增加的趋势,且拟合效果较好;若脉动频率继续增加,影响作用逐渐减弱,瓦斯解吸变化量呈近似对数增加趋势。当低压 2 MPa 时,瓦斯解吸变化量从静压 0 Hz 的 -1.14 mL/g 线性增加到高频20 Hz 的 1.49 mL/g;高压 8 MPa 时,瓦斯解吸变化量从静压 0 Hz 的 -0.25 mL/g 线性增加到高频 20 Hz 的 6.03 mL/g。

表 3-9 所列为在不同脉动峰值压力条件下,瓦斯解吸变化量与脉动频率变化关系的拟合公式。

表 3-9　瓦斯解吸变化量与脉动频率变化关系的拟合公式

脉动峰值压力/MPa	拟合公式		相关系数 R^2	
	<12 Hz	>12 Hz	<12 Hz	>12 Hz
2	$y=0.14x-1.41$	$y=1.80\ln x-3.89$	0.77	0.99
4	$y=0.28x-1.27$	$y=3.22\ln x-5.07$	0.70	0.99
6	$y=0.32x-0.69$	$y=3.33\ln x-4.54$	0.87	0.97
8	$y=0.36x-0.40$	$y=3.44\ln x-4.19$	0.93	0.97

由表 3-9 可以看出,脉动频率增加初期,即脉动频率小于 12 Hz 时,脉动压裂影响瓦斯解吸变化量随着脉动频率的增加较好地服从了近似线性增加趋势;随着脉动频率继续增加,瓦斯解吸变化量较好地服从了近似对数增加趋势,拟合相关系数 R^2 均接近 1。脉动频率增加初期对瓦斯综合解吸效果影响显著,当脉动频率大于 12 Hz 时,影响作用逐渐减弱,并使瓦斯综合解吸量逐渐趋于平衡。

由表 3-8 中的数据,考察脉动峰值压力对瓦斯解吸综合作用效果的影响规律,如图 3-13 所示。

由图 3-13 可以看出,无论是静压压裂还是脉动压裂,在脉动频率一定的条件下,脉动水力压裂综合影响瓦斯解吸变化量随着脉动峰值压力的增加而呈对数形

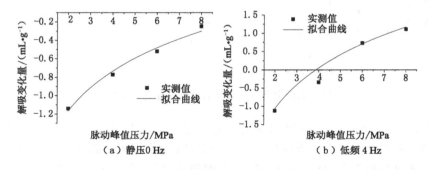

图 3-13　不同脉动频率条件下瓦斯解吸变化量与脉动峰值压力的关系

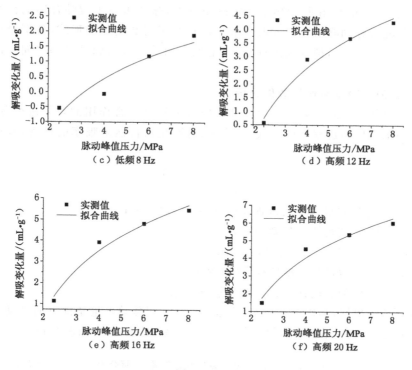

图 3-13　（续）

式增加趋势。当静压 0 Hz 时，瓦斯解吸变化量从低压 2 MPa 的 −1.14 mL/g 增加到高压 8 MPa 的 −0.25 mL/g；低频 4 Hz 时，瓦斯解吸变化量从低压 2 MPa 的 −1.12 mL/g 增加到高压 8 MPa 的 1.11 mL/g；高频 20 Hz 时，瓦斯解吸变化量从低压 2 MPa 的 1.49 mL/g 增加到高压 8 MPa 的 6.03 mL/g。

　　表 3-10 所列为不同脉动频率条件下，瓦斯解吸变化量与脉动峰值压力变化关系的拟合公式。

表 3-10　瓦斯解吸变化量与脉动峰值压力变化关系的拟合公式

脉动频率/Hz	拟合公式	相关系数 R^2
0	$y = 0.62\ln x - 1.60$	0.98
4	$y = 1.61\ln x - 2.18$	0.97
8	$y = 1.77\ln x - 2.01$	0.86
12	$y = 2.68\ln x - 1.12$	0.97
16	$y = 3.13\ln x - 0.82$	0.96
20	$y = 3.28\ln x - 0.51$	0.95

由表 3-10 可知,在脉动频率一定的条件下,脉动水力压裂综合影响瓦斯解吸变化量随着脉动峰值压力的增加很好地符合了对数增加的形式,各拟合相关系数均在 0.90 以上,拟合效果较好,但是拟合相关系数与脉动频率之间并没有明显的关系。

3.5.3 瓦斯解吸综合作用效果分析

为了更加深入地对脉动水力压裂影响瓦斯解吸综合作用的效果进行分析,引入脉动水力压裂过程瓦斯置换-驱替率、后期瓦斯自然解吸率的概念,其计算公式如下:

$$\eta_{置} = \frac{Q_1}{Q_{吸}}, \eta_{自} = \frac{Q_2}{Q_{吸}} \tag{3-3}$$

式中　　$\eta_{置}$——脉动水力压裂过程瓦斯置换-驱替率,%;

　　　　$\eta_{自}$——后期瓦斯自然解吸率,%;

　　　　$Q_{吸}$——煤样瓦斯吸附量,mL/g;

　　　　Q_1——压裂过程瓦斯置换-驱替量,mL/g;

　　　　Q_2——压裂后期瓦斯自然解吸量,mL/g。

通过实测数据,利用公式(3-3)计算得到在不同脉动参量条件下的脉动水力压裂过程瓦斯置换-驱替率、后期瓦斯自然解吸率,见表 3-11 和表 3-12。

表 3-11　脉动水力压裂过程瓦斯置换-驱替率　　　　单位:%

		静压	低频		高频		
		0 Hz	4 Hz	8 Hz	12 Hz	16 Hz	20 Hz
低压	2 MPa	4.8	10.1	13.4	25.2	26.5	29.3
	4 MPa	6.4	16.6	17.2	43.8	47.9	55.4
高压	6 MPa	7.4	24.1	27.5	49.9	58.5	62.1
	8 MPa	8.4	26.6	38.2	54.0	57.6	63.6

表 3-12　后期瓦斯自然解吸率　　　　单位:%

		静压	低频		高频		
		0 Hz	4 Hz	8 Hz	12 Hz	16 Hz	20 Hz
低压	2 MPa	10.6	5.2	7.5	8.3	8.8	9.7
	4 MPa	12.0	6.2	8.2	9.1	9.5	11.3
高压	6 MPa	13.2	8.0	9.5	10.2	11.9	13.6
	8 MPa	14.7	8.9	9.9	11.5	13.5	15.3

由表 3-11 和表 3-12 可以看出,在静压压裂及低压-低频压裂下,压裂过程瓦斯置换-驱替率及后期瓦斯自然解吸率均较低,煤样中吸附的瓦斯均解吸较少,综合解吸量小于干燥煤样瓦斯自然解吸量;而在低压-高频、高压-低频和高压-高频条件下,虽然后期瓦斯自然解吸率也较低,只在 10% 左右,但是,瓦斯置换-驱替率增大明显,在脉动水力压裂过程中,大量的瓦斯被置换-驱替出来,综合解吸量大于干燥煤样瓦斯自然解吸量。因此,导致了在静压压裂和低压-低频压裂时,出现了抑制瓦斯解吸的现象。随着脉动频率或峰值压力的增加,低压-高频、高压-低频和高压-高频三类脉动压裂方式条件下置换-驱替量显著增加,瓦斯综合解吸量显著增加,出现了促进瓦斯解吸的现象。

由上一节分析可以得出,由于脉动水的侵入,各参量条件下后期瓦斯自然解吸量仅为干燥煤样自然解吸量的 20%～60%,这与前人研究的外来水分侵入抑制瓦斯解吸结果基本相似[11-12],但是,前人在实验方法和研究的过程中,没有考虑注水压裂过程中对瓦斯的置换-驱替效应,从而仅仅从后期瓦斯自然解吸结果上得出侵入水抑制瓦斯解吸结果。通过本章的讨论可以得出,注水压裂并不是在任何情况下都是抑制瓦斯解吸的,通过实施脉动水力压裂技术,并合理配置脉动参量,即可以大大提高瓦斯综合解吸效果,强化瓦斯抽采。

3.6　不同煤种瓦斯综合解吸效果

本节采用相同的方法,以脉动峰值压力分别为低压 2 MPa、高压 6 MPa,脉动频率分别为静压 0 Hz、低频 8 Hz、高频 16 Hz 的脉动参量为例,对中等变质程度杨柳矿煤样和低变质程度松树矿煤样的脉动水力压裂影响瓦斯综合解吸效果进行分析。

由前面分析可以得出,中等变质程度杨柳矿和低变质程度松树矿的干燥煤样瓦斯自然解吸量分别为 3.49 mL/g 和 4.43 mL/g。通过实测数据对杨柳矿、松树矿在不同脉动水力压裂参量条件下的瓦斯置换-驱替量、后期瓦斯自然解吸量及综合瓦斯解吸量进行统计见表 3-13 和表 3-14。

表 3-13　脉动压裂影响杨柳矿煤样瓦斯综合解吸情况　单位:mL/g

解吸方式	脉动峰值压力/MPa	脉动频率		
		静压(0 Hz)	低频(8 Hz)	高频(16 Hz)
置换-驱替	低压	0.65	1.21	2.16
	高压	1.05	3.40	5.53

表 3-13（续）

解吸方式	脉动峰值压力/MPa	脉动频率		
		静压（0 Hz）	低频（8 Hz）	高频（16 Hz）
后期自然解吸	低压	1.33	1.62	1.73
	高压	1.58	1.98	2.22
综合解吸变化量	低压	−1.51	−0.66	0.86
	高压	−0.86	1.89	4.26

表 3-14　脉动压裂影响松树矿煤样瓦斯综合解吸情况　　单位：mL/g

解吸方式	脉动峰值压力/MPa	脉动频率		
		静压（0 Hz）	低频（8 Hz）	高频（16 Hz）
置换-驱替	低压	0.89	1.32	3.09
	高压	1.79	3.55	5.65
后期自然解吸	低压	1.58	1.73	2.45
	高压	1.67	2.2	2.57
综合解吸变化量	低压	−1.96	−1.38	1.11
	高压	−0.98	1.32	3.79

由表 3-13 和表 3-14 可以看出，在静压压裂和低压-低频压裂时，无论是中等变质程度杨柳矿煤样还是低变质程度松树矿煤样，综合瓦斯解吸变化量均出现负值，随着脉动峰值压力或频率增加，低压-高频、高压-低频、高压-高频方式下的脉动压裂综合瓦斯解吸变化量出现正值。说明在静压压裂和低压-低频压裂对瓦斯的解吸起抑制作用，而随着脉动峰值压力或频率的增加，低压-高频、高压-低频、高压-高频方式下的脉动水力压裂对瓦斯的解吸也存在促进作用，这种现象与脉动水力压裂影响高变质程度古汉山矿煤样瓦斯综合解吸规律一致。

由以上分析可以得出，无论是高变质程度煤还是中等变质程度煤和低变质程度煤，脉动水力压裂对于瓦斯综合解吸规律影响一致。静压压裂和低压-低频方式的脉动压裂抑制瓦斯解吸作用；低压-高频、高压-低频、高压-高频方式下的脉动压裂对瓦斯解吸均起促进作用。

3.7　本章小结

本章利用自行设计的脉动压裂和静压压裂作用下瓦斯解吸装置，对比分析不同参量协同控制条件下脉动水力压裂过程对瓦斯的置换-驱替特性，以及对后

期瓦斯解吸量的影响,综合分析脉动水力压裂促进或抑制瓦斯解吸效果。得到主要结论如下:

(1) 静压压裂产生的瓦斯置换-驱替量明显小于脉动水力压裂过程中瓦斯置换-驱替量。同时,置换-驱替量随脉动频率的增加先呈线性增加、后呈对数增加趋势,随着脉动峰值压力的增加而呈对数形式增加趋势。脉动频率对瓦斯置换-驱替量的影响程度要强于脉动峰值压力,因此,在煤矿现场实践过程中,选择增加脉动频率比增加峰值压力要更容易达到强化瓦斯抽采的效果。

(2) 压裂后期水的存在对瓦斯自然解吸有一种抑制作用。低压条件下,脉动压裂抑制瓦斯解吸作用大于静压压裂;随着脉动峰值压力和频率的增加,脉动压裂抑制瓦斯自然解吸作用减弱,但仍大于静压压裂;当压力达到 6 MPa 和 8 MPa,脉动频率达到 20 Hz 时,脉动压裂抑制瓦斯解吸作用小于静压压裂。

(3) 静压压裂和脉动压裂后期瓦斯自然解吸曲线与干燥煤样自然解吸曲线形状一致。瓦斯的初始解吸速度较快,快速解吸主要集中在前 60 min 以内。

(4) 依据不同压裂方式对瓦斯解吸综合作用效果,将脉动水力压裂分为低压-低频、低压-高频、高压-低频和高压-高频四种脉动压裂方式。无论是高变质程度煤、中等变质程度煤或低变质程度煤,脉动压裂对于瓦斯综合解吸规律影响一致。静压压裂和低压-低频的脉动压裂会抑制瓦斯的解吸,随着脉动峰值压力或脉动频率的增加,低压-高频、高压-低频、高压-高频方式下的脉动压裂瓦斯综合解吸变化量 $Q_变$ 出现正值,说明低压-高频、高压-低频、高压-高频方式下的脉动压裂可以促进瓦斯解吸。

(5) 在瓦斯解吸整个过程中,瓦斯置换-驱替率决定了瓦斯综合解吸效果的变化。静压压裂及低压-低频条件下,瓦斯置换-驱替率及后期瓦斯自然解吸率均较低,综合解吸量小于干燥煤样瓦斯自然解吸量;而低压-高频、高压-低频和高压-高频条件下,虽然后期瓦斯自然解吸率只在 10% 左右,但是瓦斯置换-驱替率较大,在脉动压裂过程中,大量的瓦斯被置换-驱替出来,综合解吸量大于干燥煤样瓦斯自然解吸量。

参 考 文 献

[1] 全国煤炭标准化技术委员会. 煤的高压等温吸附试验方法:GB/T 19560—2008[S]. 北京:中国标准出版社,2009.

[2] 张国华. 本煤层水力压裂致裂机理及裂隙发展过程研究[D]. 阜新:辽宁工程技术大学,2004.

[3] 赵东,冯增朝,赵阳升. 高压注水对煤体瓦斯解吸特性影响的试验研究[J].

岩石力学与工程学报,2011,30(3):547-555.

[4] 陈向军.外加水分对煤的瓦斯解吸动力学特性影响研究[D].徐州:中国矿业大学,2013.

[5] 马东民,李来新,李小平,等.大佛寺井田4号煤CH$_4$与CO$_2$吸附解吸实验比较[J].煤炭学报,2014,39(9):1938-1944.

[6] 金钟南,朴钟浩,范熙泰,等.分离轻烯烃的置换解吸方法:CN201180041347.5[P].2013-04-24.

[7] 杨宏民.井下注气驱替煤层甲烷机理及规律研究[D].焦作:河南理工大学,2010.

[8] 张遂安,霍永忠,叶建平,等.煤层气的置换解吸实验及机理探索[J].科学通报,2005(增刊):143-146.

[9] 张遂安.有关煤层气开采过程中煤层气解吸作用类型的探索[J].中国煤层气,2004,1(1):30-32.

[10] 肖知国.煤层注水抑制瓦斯解吸效应实验研究与应用[D].焦作:河南理工大学,2010.

[11] 谢向向,张玉贵,姜家钰,等.钻井液对煤心煤层气解吸损失量的影响[J].煤田地质与勘探,2015(1):30-34,42.

[12] 肖知国,王兆丰,常红.一种煤层注水抑制瓦斯解吸效应的模拟测试方法及装置:CN201410011978.8[P].2014-05-07.

第 4 章　脉动压裂瓦斯扩散动力学特性

　　脉动水力压裂影响瓦斯扩散动力学特性是脉动压裂过程中瓦斯微观动力学特性的又一重要性质。本章首先对瓦斯扩散机理进行分析，选择合理的瓦斯扩散动力学模型，并利用脉动水力压裂后期瓦斯解吸结果对瓦斯扩散动力学特性进行计算机拟合分析，求出低压-低频、低压-高频、高压-低频及高压-高频等脉动压裂协同控制条件下的瓦斯扩散动力学参数，研究脉动水力压裂影响瓦斯扩散动力学特性。

4.1　瓦斯扩散机理分析

　　煤层的瓦斯放散过程多数学者认为是解吸-扩散-渗流的过程[1]，但对于煤粒瓦斯放散过程中是否存在渗流及其对煤粒的瓦斯扩散规律的影响，仍存争议。多数学者认为煤粒瓦斯放散过程只有解吸-扩散过程[2]，适用于 Fick 定律，也有部分学者认为含有渗流过程[3]。瓦斯的渗流是由于在煤样的孔隙、裂隙中存在压力梯度发生的定向运动，一般符合达西定律。在煤层中，煤体内部存在大量的游离瓦斯，在煤层中的孔隙、裂隙中产生较大的瓦斯压力，因此在压力梯度的条件下存在瓦斯渗流。煤粒中是否存在瓦斯的渗流，关键问题在于中孔、大孔中是否存在瓦斯压力梯度。刘彦伟[4]根据煤粒瓦斯放散规律的实验结果，提出瓦斯流在大孔内压力差很小，几乎为零。从理论上分析，不管是扩散还是渗透，瓦斯在大孔和中孔的流动速度比在微孔中扩散速度要快得多，很难在中孔和大孔中形成压力差，因此瓦斯在煤粒中的运动不具备发生渗流的力学条件。在进行脉动水力压裂影响瓦斯解吸-扩散实验时，在整个后期放散过程中，认为瓦斯在煤样中的运动过程只存在解吸-扩散过程。

　　扩散是分子自由运动使物质由高浓度体系向低浓度体系运移的浓度平衡过程。煤粒瓦斯的扩散是瓦斯分子在其浓度梯度作用下，由煤粒内部通过各种大小不同的孔隙从高浓度向低浓度方向运移的过程。其扩散规律符合 Fick 扩散第一定律[5]：

$$J = - D \frac{\partial c}{\partial x} \tag{4-1}$$

式中　　J——瓦斯扩散速度，$g/(s \cdot cm^2)$；

　　　　$\frac{\partial c}{\partial x}$——沿扩散方向的瓦斯浓度梯度，$(g/cm^3)/cm$；

　　　　D——扩散系数，cm^2/s；

　　　　c——扩散流体浓度，g/cm^3；

负号表示扩散发生在与浓度增加的相反方向。

将 Fick 扩散第一定律用于三向非稳定流场时，基于质量守恒定律及连续性原理，可得出扩散第二定律：

$$\frac{\partial c}{\partial t} = D \left(\frac{\partial^2 c}{\partial x^2} + \frac{\partial^2 c}{\partial y^2} + \frac{\partial^2 c}{\partial z^2} \right) \tag{4-2}$$

式中　　t——瓦斯扩散时间，s。

研究瓦斯扩散机理，煤粒可以看作球形颗粒，其扩散场为球向流场[6-7]。在瓦斯开始扩散前，煤粒内部各点的瓦斯始终保持吸附平衡时的浓度。在煤粒暴露瞬间，只是煤粒表面附近的瓦斯开始扩散，煤粒外表面的瓦斯浓度随即降为表面浓度，使得煤粒半径方向上形成浓度差，在浓度梯度条件下驱动瓦斯扩散。在进行脉动水力压裂影响瓦斯解吸-扩散实验时，脉动水力压裂结束后，煤中瓦斯再次达到一种吸附-解吸平衡状态。煤样罐卸压后，煤样表面瓦斯浓度降低，这时在煤样半径方向上形成浓度差，吸附状态的瓦斯再次解吸转化为游离状态，产生瓦斯由煤样中心向表面的扩散运动。

目前的煤粒瓦斯扩散模型主要是依据 Fick 定律，描述瓦斯扩散过程的模型主要分为单一孔隙扩散模型、双孔隙扩散模型和扩散率模型[8]。单一孔隙扩散模型将整个多孔介质煤假设为单一的孔隙系统，模型简单，但由于与煤粒孔隙结构特征差异较大，适应性较差。双孔隙扩散模型[9-10]将煤孔隙结构处理为具有大孔隙和微孔隙的双重孔隙结构，双重孔隙结构模型又分为并行扩散模型和连续性模型。并行扩散模型[11-12]认为气体分子在微孔和大孔内并行扩散，并在微孔和大孔之间保持平衡。有学者[13]指出该模型存在两个缺点：一是按并行扩散模型的假定，推导出的结果与实际情况相反；二是模型自相矛盾，一方面认为离子在固相中的扩散较慢，另一方面又要求离子在固相和大孔间保持平衡。连续性模型认为[14-16]，煤粒由相同体积的微颗粒组成，微颗粒之间的孔隙为大孔，微颗粒内部含有微孔，瓦斯从微孔经扩散进入大孔，然后从大孔中扩散至煤粒表面，连续性扩散模型的推导基于微元内的质量守恒。该模型得到了国内外很多学者的广泛应用[17-19]，并验证了该模型应用效果比单一孔隙模型更适合描述整个扩散过程。

实际煤粒瓦斯的扩散是非稳态过程,Sevenster 于 1959 年依据 Fick 第二定律提出了煤粒的均质球形瓦斯扩散数学模型[20],如式(4-3)所列:

$$\frac{\partial c}{\partial t} = D\left(\frac{\partial^2 c}{\partial r^2} + \frac{2}{r}\frac{\partial c}{\partial r}\right) \tag{4-3}$$

式中　r——煤粒半径,m。

该模型假设条件为:① 煤粒由球形颗粒组成;② 煤粒为均质、各向同性体;③ 瓦斯流动遵从质量守恒定律和连续性原理。

杨其銮[21]通过数值模拟,认为均质煤粒瓦斯球向扩散理论应用于描述低破坏类型煤的初期瓦斯放散规律是比较理想的。聂百胜、郭勇义等[22-23]考虑到煤粒表面的瓦斯传质阻力,建立并求解了第三类边界条件下瓦斯扩散物理数学模型,该模型是迄今为止应用最广泛的。

4.2　瓦斯扩散动力学模型及拟合分析

4.2.1　瓦斯扩散动力学模型分析

本章在分析第三类边界条件下的瓦斯扩散动力学模型的基础上,利用脉动水力压裂后期瓦斯解吸结果对瓦斯扩散动力学特性进行计算机拟合分析,求出脉动压裂过程中瓦斯扩散动力学参数,研究脉动水力压裂影响瓦斯扩散动力学特性。

首先做如下假设:

(1)压裂后煤样为球形颗粒煤粒;

(2)煤粒为均质、各向同性体;

(3)瓦斯流动遵从质量守恒定律和连续性原理。

在上述条件下,扩散系数和坐标无关,忽略浓度 c 和时间 t 对扩散系数的影响,文献[24]给出了球坐标下煤中瓦斯扩散定解问题的动力学模型为:

$$\begin{cases} \dfrac{\partial c}{\partial t} = D\left(\dfrac{\partial^2 c}{\partial r^2} + \dfrac{2}{r}\dfrac{\partial c}{\partial r}\right) \\[2mm] t = 0, 0 < r < r_0, c = c_0 = \dfrac{abp_0}{1 + bp_0} \\[2mm] t > 0, \dfrac{\partial c}{\partial r}\Big|_{r=0} = 0 \\[2mm] -D\dfrac{\partial c}{\partial r} = \alpha(c - c_f)\big|_{r=r_0} \end{cases} \tag{4-4}$$

式中　c——甲烷浓度,kg/m³;

D——扩散系数，m^2/s；

r——煤粒中某点距离煤粒中心距离，m；

c_0——初始平衡浓度，kg/m^3；

r_0——初始煤粒半径，m；

a, b——Langmuir 常数；

p_0——初始平衡压力，Pa；

α——煤粒表面甲烷与游离甲烷的质交换系数，m/s；

c_f——煤粒间裂隙中游离甲烷浓度，kg/m^3。

此处，文献[24]中的 $t > 0$，$\frac{\partial c}{\partial t}\big|_{r=0} = 0$，应为 $t > 0$，$\frac{\partial c}{\partial r}\big|_{r=0} = 0$，此式的物理意义为：颗粒中心处（$r = 0$）的浓度梯度在任何时刻均为 0，是浓度 c 对距离 r 的一阶偏导，而不是对时间 t 的一阶偏导。否则，若 $t > 0$，$\frac{\partial c}{\partial t}\big|_{r=0} = 0$，则表示颗粒中心处的浓度 c 为一常数，即任何时刻浓度为常数而不变化，这不符合瓦斯扩散的实际。结合文献[25]中的球坐标下煤粒瓦斯扩散微分方程，确认 $t > 0$，$\frac{\partial c}{\partial t}\big|_{r=0} = 0$ 应为 $t > 0$，$\frac{\partial c}{\partial r}\big|_{r=0} = 0$。

式（4-4）为二次抛物型方程，可以用分离变量法求解，其解为：

$$\frac{Q_t}{Q_\infty} = 1 - 6 \sum_{n=1}^{\infty} \frac{(\beta_n \cos \beta_n - \sin \beta_n)^2}{\beta_n^2 (\beta_n^2 - \beta_n \sin \beta_n \cos \beta_n)} e^{-\beta_n^2 Fo'} \tag{4-5}$$

式中　Q_∞——瓦斯极限解吸量；

　　　Q_t——t 时刻瓦斯累积解吸量；

　　　Fo'——传质傅里叶级数，$Fo' = Dt/r_0^2$；

　　　β_n——超越方程 $\tan \beta = \beta/(1 - \alpha r_0/D) = \beta/(1 - Bi')$ 系列解的一个解；

　　　Bi'——传质毕欧准数，$Bi' = \alpha r_0/D$。

这是一个级数形式的解，文献[25]表明当 $Fo' > 0$ 时，其是一个收敛很快的级数，因此，取第一项即可满足工程精度，则式（4-5）可变为：

$$1 - \frac{Q_t}{Q_\infty} = 6 \frac{(\beta_1 \cos \beta_1 - \sin \beta_1)^2}{\beta_1^2 (\beta_1^2 - \beta_1 \sin \beta_1 \cos \beta_1)} e^{-\beta_1^2 Fo'} \tag{4-6}$$

其中，瓦斯极限解吸量 Q_∞ 可以通过方程（4-7）计算得出：

$$Q_t = \frac{Q_\infty t}{t_L + t} \tag{4-7}$$

式中，t_L 为解吸常数。

式（4-6）两边取对数，整理得：

$$\ln(1 - Q_t/Q_\infty) = -\lambda t + \ln A \tag{4-8}$$

$$A = 6 \frac{(\beta_1 \cos \beta_1 - \sin \beta_1)^2}{\beta_1^2 (\beta_1^2 - \beta_1 \sin \beta_1 \cos \beta_1)}, \lambda = \frac{\beta_1^2}{r_0^2} D \qquad (4\text{-}9)$$

由传质学可知,传质傅里叶级数 Fo' 越大,扩散能力强,气体在物体内扩散速率就越大,传质速度快,浓度扰动波及范围大,反之则扩散能力弱,扩散速率小,传质速度慢,浓度扰动波及范围小;传质毕欧准数 Bi' 越小,说明物体内部扩散阻力越小,气体在物体内部扩散浓度就越一致,内外扩散浓度差就越小,反之物体内部扩散阻力大,内外扩散浓度差就大。

式(4-8)为线性方程,通过瓦斯解吸实验测定 Q_t、Q_∞、t,线性回归可得 λ、A 值,然后利用 MATLAB 软件编程求出 β_1,从而可以计算得到扩散系数 D、传质毕欧准数 Bi' 等扩散动力学参数的值。

4.2.2　压裂煤样瓦斯扩散动力学参数拟合分析

根据第三章古汉山矿煤样脉动水力压裂后期瓦斯解吸量的实验数据,回归分析求得古汉山矿的高变质程度煤样在不同脉动压裂协同控制条件下的瓦斯扩散参数 λ、A 值,见图 4-1～图 4-4。

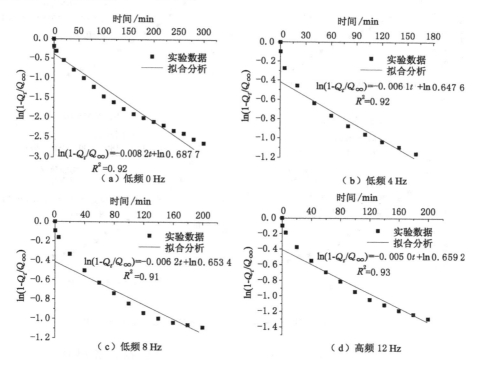

图 4-1　低压 2 MPa 不同频率条件下瓦斯扩散参数拟合分析

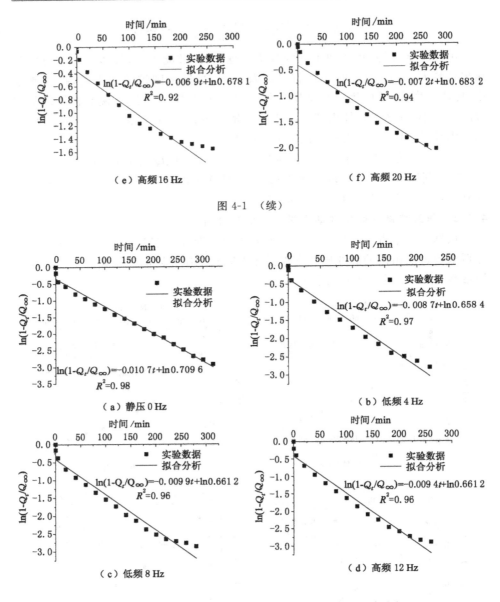

图 4-1 （续）

图 4-2 低压 4 MPa 不同频率条件下瓦斯扩散参数拟合分析

如图 4-1～图 4-4 所示，由瓦斯解吸量的实验数据计算得到的 $\ln(1-Q_t/Q_\infty)$ 的数据与时间 t 很好地服从式(4-8)的线性关系，拟合系数均在 0.9 以上，甚至接近于 1。因此，可以验证本章运用第三类边界条件下的瓦斯扩散动力

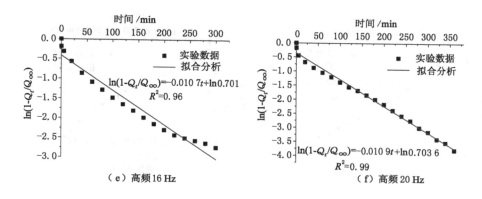

（e）高频 16 Hz

（f）高频 20 Hz

图 4-2　（续）

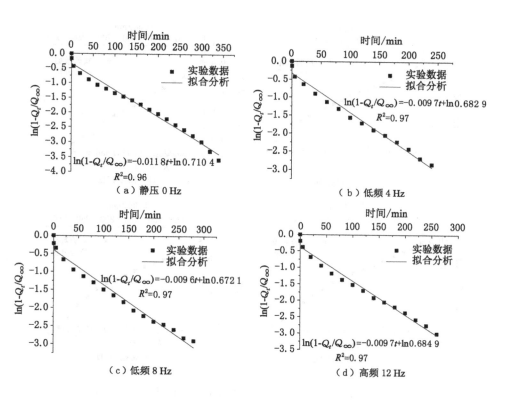

（a）静压 0 Hz

（b）低频 4 Hz

（c）低频 8 Hz

（d）高频 12 Hz

图 4-3　高压 6 MPa 不同频率条件下瓦斯扩散参数拟合分析

学模型能够正确地分析脉动水力压裂不同参量协同控制条件下的瓦斯扩散动力学特性,而且能够得到准确的瓦斯扩散参数 λ、A 值。然后,通过式（4-6）和

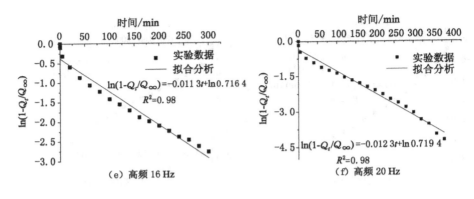

图 4-3　（续）

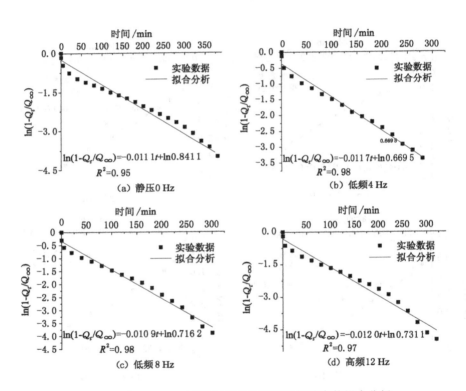

图 4-4　高压 8 MPa 不同频率条件下瓦斯扩散参数拟合分析

式(4-9)计算得到 β_1、扩散系数 D、传质毕欧准数 Bi' 等脉动压裂过程中瓦斯扩散动力学参数的值,见表 4-1～表 4-4。

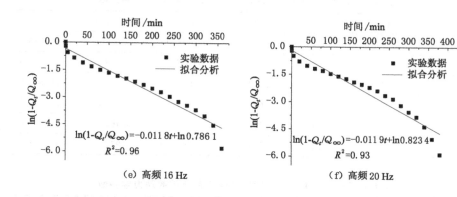

图 4-4　（续）

表 4-1　低压 2 MPa 不同频率条件下瓦斯扩散动力学参数

压裂方式	频率/Hz	λ /min^{-1}	A	β_1	$D/(10^{-8} \text{ m}^2 \cdot \text{s}^{-1})$	Bi'
静压	0	0.008 2	0.687 7	2.994 7	3.809 7	21.240 1
低频	4	0.006 1	0.647 6	3.071 1	2.694 8	40.494 1
	8	0.006 2	0.653 4	3.060 4	2.758 1	38.610 2
高频	12	0.005 0	0.659 2	3.049 6	2.240 1	34.056 1
	16	0.006 9	0.678 1	3.013 6	3.165 6	24.246 4
	20	0.007 2	0.683 2	3.003 7	3.325 1	22.644 7

表 4-2　低压 4 MPa 不同频率条件下瓦斯扩散动力学参数

压裂方式	频率/Hz	λ /min^{-1}	A	β_1	$D/(10^{-8} \text{ m}^2 \cdot \text{s}^{-1})$	Bi'
静压	0	0.010 7	0.709 6	2.950 3	5.122 0	16.234 4
低频	4	0.008 7	0.658 4	3.051 2	3.893 7	34.662 9
	8	0.009 9	0.661 2	3.045 9	4.446 2	32.732 8
高频	12	0.009 4	0.661 2	3.045 9	4.221 7	32.732 8
	16	0.010 7	0.701 8	2.966 4	4.966 6	17.758 6
	20	0.010 9	0.703 6	2.962 7	5.041 6	17.384 3

表 4-3 高压 6 MPa 不同频率条件下瓦斯扩散动力学参数

压裂方式	频率/Hz	λ /min^{-1}	A	β_1	$D/(10^{-8} \text{ m}^2 \cdot \text{s}^{-1})$	Bi'
静压	0	0.011 8	0.710 4	2.948 6	5.655 0	16.088 1
低频	4	0.009 7	0.682 9	3.004 2	4.478 2	22.728 0
	8	0.009 6	0.672 1	3.025 2	4.370 7	26.873 8
高频	12	0.009 7	0.684 9	3.000 3	4.489 8	22.093 1
	16	0.011 3	0.716 4	2.936 0	5.462 0	15.078 8
	20	0.012 3	0.719 4	2.929 6	5.971 4	14.611 7

表 4-4 高压 8 MPa 不同频率条件下瓦斯扩散动力学参数

压裂方式	频率/Hz	λ /min^{-1}	A	β_1	$D/(10^{-8} \text{ m}^2 \cdot \text{s}^{-1})$	Bi'
静压	0	0.011 1	0.844 1	2.601 9	6.831 7	6.205 9
低频	4	0.011 7	0.669 5	3.030 2	5.309 2	28.090 2
	8	0.010 9	0.716 2	2.936 4	5.267 3	15.109 1
高频	12	0.012 0	0.731 1	2.904 3	5.927 7	13.008 7
	16	0.011 8	0.786 5	2.707 5	6.707 1	6.840 4
	20	0.011 9	0.823 5	2.668 0	6.965 7	5.343 6

由表 4-1～表 4-4 可以看出,不同脉动参量协同控制条件下,脉动水力压裂及静压压裂对 β_1、扩散系数 D、传质毕欧准数 Bi' 等煤中瓦斯扩散动力学参数产生较大的影响,从而影响瓦斯扩散动力学特性。

4.2.3 干燥煤样扩散动力学参数拟合分析

为了将脉动水力压裂、静压压裂瓦斯扩散动力学特性与原煤瓦斯扩散特性相对比,采用相同的方法对古汉山矿、杨柳矿及松树矿原煤瓦斯扩散动力学参数进行拟合计算,结果见表 4-5。

表 4-5 不同煤种原煤瓦斯扩散动力学参数

取样地点	λ /min^{-1}	A	β_1	$D/(10^{-8} \text{ m}^2 \cdot \text{s}^{-1})$	Bi'
古汉山矿	0.017 9	0.844 3	2.601 2	11.022 8	5.335 5
杨柳矿	0.018 7	0.848 1	2.588 4	11.629 0	5.191 6
松树矿	0.020 5	0.869 2	2.511 6	13.541 7	4.444 7

由表 4-5 可得,不同煤种条件下,瓦斯扩散动力学参数不同。随着变质程度的降低,β_1 及传质毕欧准数 Bi' 降低,扩散系数 D 增加,表明随着变质程度的降

低,煤样内部扩散阻力减小,扩散能力增强。瓦斯扩散特性与煤的孔隙特性密不可分,由第二章可知,煤样变质程度越低,其大孔和中孔越发育,所以瓦斯扩散的通道就越多,瓦斯扩散阻力越小,扩散能力越强。

4.3　脉动压裂对瓦斯扩散动力学特性的影响

脉动水力压裂对瓦斯扩散动力学特性的影响主要反映在其对瓦斯扩散动力学参数的影响。本节根据古汉山矿煤样的实验数据的拟合分析结果,对不同脉动参量协同控制条件下瓦斯扩散动力学参数的影响进行分析,探讨脉动水力压裂影响瓦斯扩散动力学特性。

4.3.1　传质毕欧准数 Bi' 变化特性

传质毕欧准数 Bi' 的大小表征着煤中瓦斯扩散阻力的大小。如图 4-5 所示,为脉动峰值压力一定的条件下,不同脉动频率影响煤样传质毕欧准数 Bi' 变化特性。

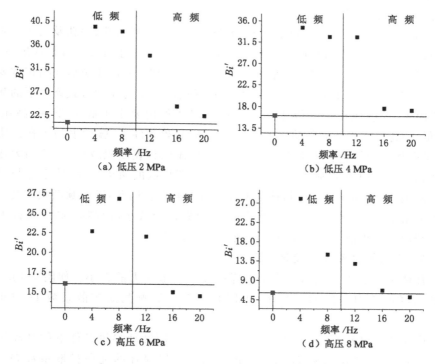

图 4-5　不同脉动频率条件下煤样传质毕欧准数变化特性

由图 4-5 和表 4-5 可以得出,煤样压裂后,其传质毕欧准数 Bi' 均大于古汉山矿干燥煤样的传质毕欧准数,说明煤样被压裂后,水分进入煤样内部孔隙,封堵了瓦斯扩散通道,使瓦斯扩散阻力增加。可得,煤样被压裂后,水分的存在会阻碍瓦斯在煤中的扩散。

由图 4-5 可知,在低压-低频、低压-高频、高压-低频参量协同控制的脉动压裂条件下的传质毕欧准数 Bi' 均大于静压压裂。同时,高压-高频条件下,脉动压裂后传质毕欧准数 Bi' 逐渐减小,最终小于静压压裂传质毕欧准数。例如,在低压 2 MPa 时,脉动水力压裂的传质毕欧准数从低频 4 Hz 的 40.494 1 减小到高频 20 Hz 的 22.644 7,均大于静压压裂的煤样传质毕欧准数 Bi'(21.2401);在高压 8 MPa 时,脉动水力压裂的传质毕欧准数从低频 4 Hz 的 28.090 2 减小到高频 20 Hz 的 5.343 6,此时,脉动压裂传质毕欧准数 Bi' 小于静压压裂的6.205 9。可以得出,低压-低频、高压-低频和低压-高频时,脉动水力压裂对煤中瓦斯扩散的阻碍作用均要大于静压压裂,同时,随着脉动频率及峰值压力的增加,脉动压裂对瓦斯扩散的阻碍作用逐渐减小,高压-高频条件下,脉动压裂扩散阻力小于静压压裂。

不同脉动参量协同控制条件下,水分侵入导致煤样微孔、中孔及大孔三阶段孔隙的表面积、体积随孔径分布发生变化。静压条件下水分侵入煤样深度较小,主要以侵入中孔和大孔为主,很难侵入微孔隙。因此,静压压裂后瓦斯扩散要克服的毛细管力等扩散阻力要小于低压或低频的脉动水力压裂方式条件下的瓦斯扩散阻力,即静压压裂对煤中瓦斯扩散的阻碍作用要小于低压-低频、高压-低频、低压-高频方式下的脉动水力压裂。高压-高频条件下,脉动水的扩孔作用增加,扩孔作用使微孔扩大为中孔或大孔,微孔体积和表面积减小,中孔和大孔累积体积和表面积则呈现增加趋势。扩大了瓦斯扩散的通道尺寸,使水分与煤孔隙之间毛细管力减小,水分封堵瓦斯作用逐渐减弱。因此,随着脉动频率及峰值压力的增加,脉动水力压裂对瓦斯扩散的阻碍作用减小,使高频-高压条件下脉动压裂后瓦斯扩散阻力小于静压压裂瓦斯扩散阻力。

4.3.2 瓦斯扩散系数 D 变化特性

瓦斯扩散系数 D 的大小表征着煤中瓦斯扩散能力的大小。如图 4-6 所示,为脉动峰值压力一定的条件下,不同脉动频率影响瓦斯扩散系数 D 的变化情况。

由图 4-6 和表 4-5 可以得出,静压压裂和不同脉动参量条件下的脉动压裂时,煤中的瓦斯扩散系数 D 均小于古汉山矿干燥煤样的瓦斯扩散系数 D。因此,在静压压裂或脉动压裂后,煤样瓦斯扩散能力要小于干燥煤样瓦斯的扩散能力。同样可以证明,煤样被压裂后,水分的存在会阻碍瓦斯在煤中的扩散。

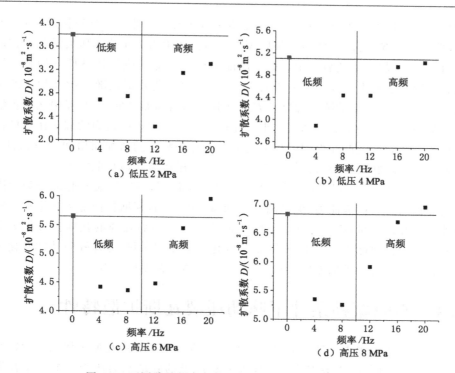

图 4-6　不同脉动频率条件下瓦斯扩散系数 D 变化特性

由图 4-6 可以得出,在低压或低频条件下,静压压裂的瓦斯扩散系数大于脉动压裂条件下的瓦斯扩散系数。随着脉动频率及峰值压力的增加,瓦斯扩散系数增大,高压-高频条件下,脉动压裂后瓦斯扩散系数大于静压压裂瓦斯扩散系数。例如,在低压 2 MPa 时,0 Hz 静压压裂的瓦斯扩散系数为 $3.809\ 7×10^{-8}\ \mathrm{m}^2/\mathrm{s}$,脉动水力压裂的瓦斯扩散系数从 4 Hz 的 $2.694\ 8×10^{-8}\ \mathrm{m}^2/\mathrm{s}$ 增加到 20 Hz 的 $3.325\ 1×10^{-8}\ \mathrm{m}^2/\mathrm{s}$;高压 8 MPa 时,0 Hz 静压压裂的瓦斯扩散系数为 $6.831\ 7×10^{-8}\ \mathrm{m}^2/\mathrm{s}$,脉动水力压裂的瓦斯扩散系数从 4 Hz 的 $5.355\ 4×10^{-8}\ \mathrm{m}^2/\mathrm{s}$ 增加到 20 Hz 的 $6.965\ 7×10^{-8}\ \mathrm{m}^2/\mathrm{s}$。结合传质学知识可得,在低压或低频条件下,脉动水力压裂的煤中瓦斯扩散能力要小于静压压裂,同时,随着脉动频率及峰值压力的增加,脉动水力压裂后煤中瓦斯扩散能力增加,气体在物体内扩散速率就增大,传质速度增快,浓度扰动波及范围增大。

瓦斯在煤中的扩散能力主要由煤中的瓦斯浓度梯度及瓦斯扩散阻力共同决定。由第三章分析可得,相同峰值压力条件下,静压压裂产生的瓦斯置换-驱替量要明显小于脉动水力压裂,且置换-驱替量随着脉动频率的增加而增加。一方面,0 Hz 静压压裂后煤中瓦斯残留量大于脉动压裂条件下的瓦斯残留量,使煤中瓦斯浓度梯度大于脉动压裂后的瓦斯浓度梯度,有利于瓦斯的扩散;另一方面,低压或低频条件下,脉动压裂后煤中瓦斯扩散阻力大于静压压裂后瓦斯扩散阻力。因此,静压压裂后煤中瓦斯扩散能力要大于低压或低频条件下的脉动压裂后瓦斯扩散能力。脉动水力压裂后,虽然煤中瓦斯残留量随着脉动频率的增加而减少,煤中瓦斯的浓度梯度随着脉动频率的增加而降低,但是煤中瓦斯扩散阻力却随着脉动频率的增加而减小。瓦斯浓度梯度和扩散阻力的综合作用使得脉动水力压裂后瓦斯在煤中的扩散能力随着脉动频率的增加而增加,并在高压-高频条件下的脉动压裂后瓦斯扩散能力大于静压压裂瓦斯扩散能力。

同样由图 4-6 可以看出,虽然本实验注水条件下,静压压裂和脉动压裂会降低瓦斯在煤中的扩散能力,但是随着脉动参量的增加,瓦斯扩散能力亦增加。若继续增加脉动参量,应该存在一组临界值使脉动压裂后煤样的瓦斯扩散能力大于原煤样的扩散能力。综上所述,适当优化脉动压裂参量,煤体孔隙特征变化则会向着有利于瓦斯扩散方向变化,从而促进煤体内瓦斯的扩散。

4.4　不同煤种条件下脉动压裂瓦斯扩散特性

以上对脉动水力压裂影响高变质程度的古汉山矿煤中瓦斯扩散动力学特性进行了分析。同样,本节需要对其他变质程度煤的脉动水力压裂影响煤中瓦斯扩散动力学特性进行研究。本节采用与以上相同的研究方法,根据第 3 章中等变质程度杨柳矿煤样和低变质程度松树矿煤样的脉动水力压裂后期瓦斯解吸量的实验数据,回归分析计算求得各煤样扩散动力学参数,探讨脉动水力压裂影响中等变质程度和低变质程度的煤中瓦斯扩散动力学特性。

4.4.1　不同煤种脉动压裂瓦斯扩散动力学参数

采用与高变质程度古汉山矿煤样瓦斯扩散动力学特性相同的研究方法,根据第 3 章中等变质程度杨柳矿煤样和低变质程度松树矿煤样的脉动水力压裂后期瓦斯解吸量的实验数据,回归分析计算求得不同煤种在不同脉动参量协同影响下的瓦斯扩散动力学参数,如表 4-6 和表 4-7 所列。

表 4-6　杨柳矿煤样脉动压裂瓦斯扩散动力学参数

脉动峰值压力/MPa	频率/Hz	λ/min^{-1}	A	β_1	D/(10^{-8} m$^2\cdot$s^{-1})	Bi'
2	0	0.009 1	0.783 1	2.780 6	4.904 0	8.365 1
	8	0.007 8	0.722 3	2.923 4	3.802 8	14.184 9
	16	0.008 1	0.756 7	2.845 9	4.167 1	10.342 4

表 4-6（续）

脉动峰值压力/MPa	频率/Hz	λ /min^{-1}	A	β_1	D /(10^{-8} m$^2\cdot$s^{-1})	Bi'
6	0	0.012 8	0.762 5	2.832 0	6.649 8	9.853 4
	8	0.010 4	0.722 8	2.922 3	5.074 3	14.111 7
	16	0.011 6	0.762 6	2.831 8	6.027 3	9.846 6

表 4-7　松树矿煤样脉动压裂瓦斯扩散动力学参数

脉动峰值压力/MPa	频率/Hz	λ /min^{-1}	A	β_1	D /(10^{-8} m$^2\cdot$s^{-1})	Bi'
2	0	0.009 7	0.822 5	2.670 7	5.666 4	6.246 0
	8	0.008 6	0.792 1	2.757 1	4.713 9	7.813 9
	16	0.009 2	0.809 6	2.708 6	5.225 0	6.859 6
6	0	0.013 5	0.819 7	2.679 1	7.836 9	6.373 7
	8	0.010 5	0.801 3	2.727 0	5.883 1	7.196 3
	16	0.011 9	0.834 4	2.633 7	7.148 3	5.731 8

杨柳矿和松树矿干燥煤样的传质毕欧准数 Bi' 分别为 5.191 6 和 4.444 7；瓦斯扩散系数 D 分别为 11.629 0×10^{-8} m^2/s 和 13.541 7×10^{-8} m^2/s。与表 4-6 和表 4-7 对比可以看出，中等变质程度杨柳矿煤样和低变质程度松树矿煤样，0 Hz 的静压压裂和脉动压裂使煤样传质毕欧准数均大于其干燥煤样的传质毕欧准数，煤中的瓦斯扩散系数均小于其干燥煤样的瓦斯扩散系数。说明不同煤种的煤样被压裂后，水分进入煤样内部孔隙，均会封堵瓦斯扩散通道，使瓦斯扩散阻力增加，扩散能力降低。所以，无论是低变质程度煤、中等变质程度煤还是高变质程度煤，煤样被压裂后，水分的存在均会阻碍瓦斯在煤中的扩散。

4.4.2　不同煤种条件下脉动压裂瓦斯扩散特性

如图 4-7 所示，为脉动峰值压力 2 MPa 和 6 MPa 条件下，不同脉动频率影响三种煤样的传质毕欧准数 Bi' 变化特性。

由图 4-7 可以看出，中等变质程度杨柳矿煤样和低变质程度松树矿煤样在高频 16 Hz 条件下的传质毕欧准数均小于其在 8 Hz 的传质毕欧准数。同时，在高压 6 MPa 条件下的传质毕欧准数均小于其在低压 2 MPa 的传质毕欧准数。因此，可以得出，脉动水力压裂对低变质程度煤、中等变质程度煤及高变质程度煤的瓦斯扩散阻力影响特性相同，低压-低频、高压-低频和低压-高频的脉动压裂方式对煤中瓦斯扩散的阻碍作用均要大于高压-高频的压裂方式。

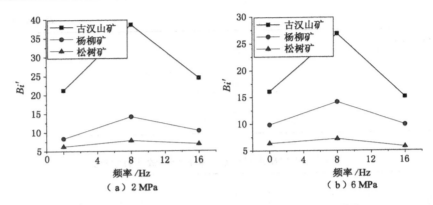

图 4-7 脉动参量控制下三种煤样传质毕欧准数变化特性

如图 4-8 所示,为脉动峰值压力 2 MPa 和 6 MPa 条件下,不同脉动频率影响三种煤样的瓦斯扩散系数 D 的变化特性。

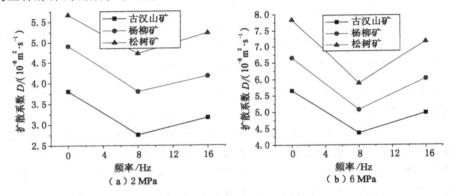

图 4-8 脉动参量控制下三种煤样瓦斯扩散系数 D 变化特性

由图 4-8 可以得出,中等变质程度杨柳矿和低变质程度松树矿煤样在高频 16 Hz 条件下的瓦斯扩散系数 D 均大于其在 8 Hz 的瓦斯扩散系数。同时,在高压 6 MPa 条件下的煤中瓦斯扩散系数 D 均大于其在低压 2 MPa 的瓦斯扩散系数。因此,可以得出,脉动水力压裂对低变质程度煤、中等变质程度煤及高变质程度煤的瓦斯扩散能力影响特性相同,在低压或低频条件下,脉动压裂的煤中瓦斯扩散能力要小于静压压裂,同时,随着脉动频率及峰值压力的增加,煤中瓦斯扩散能力增加,气体在物体内扩散速率就增大,传质速度加快,浓度扰动波及范围增大,这同样是因为脉动水力压裂后煤中瓦斯浓度梯度和扩散阻力的综合作用的结果。

4.5　本章小结

　　本章利用脉动水力压裂后期瓦斯解吸结果对瓦斯扩散动力学特性进行数值拟合分析,求出脉动参量协同控制条件下的瓦斯扩散动力学参数,研究脉动水力压裂影响瓦斯扩散动力学特性。得到以下结论:

　　(1) 运用第三类边界条件下的瓦斯扩散动力学模型能够得到准确的瓦斯扩散动力学参数,而且能够科学地分析脉动水力压裂不同参量协同控制条件下的瓦斯扩散动力学特性。

　　(2) 瓦斯扩散特性与煤的孔隙特性密不可分,由于煤样变质程度越低,其大孔和中孔越发育,瓦斯扩散的通道就越多,因此,随着变质程度的降低,煤样内部扩散阻力减小,扩散能力增强。

　　(3) 煤样被压裂后,水分进入煤样内部孔隙,会封堵瓦斯扩散通道,阻碍瓦斯在煤中的扩散。低压-低频、高压-低频和低压-高频时,脉动水力压裂对煤中瓦斯扩散的阻碍作用均要大于静压压裂;高压-高频条件下,脉动压裂对瓦斯扩散的阻碍作用逐渐减小,最终小于静压压裂。

　　(4) 低压或低频时,脉动水力压裂的煤中瓦斯扩散能力要小于静压压裂,同时,由于煤中瓦斯浓度梯度和瓦斯扩散阻力的综合作用,使脉动水力压裂后瓦斯在煤中的扩散能力随着脉动频率及脉动峰值压力的增加而增加,且应存在一组临界值使脉动压裂后煤样的瓦斯扩散能力大于原煤样的扩散能力。因此,适当优化脉动压裂参量,煤体孔隙特征则会向着有利于瓦斯扩散方向变化,从而促进煤体内瓦斯的扩散。

参 考 文 献

[1] 周世宁.瓦斯在煤层中流动的机理[J].煤炭学报,1990(1):15-24.

[2] 张遂安.有关煤层气开采过程中煤层气解吸作用类型的探索[J].中国煤层气,2004(1):30-32.

[3] 王兆丰.空气、水和泥浆介质中煤的瓦斯解吸规律与应用研究[D].徐州:中国矿业大学,2001.

[4] 刘彦伟.煤粒瓦斯放散规律、机理与动力学模型研究[D].焦作:河南理工大学,2011.

[5] 杨其銮,王佑安.煤屑瓦斯扩散理论及其应用[J].煤炭学报,1986(3):87-94.

[6] 张飞燕,韩颖.煤屑瓦斯扩散规律研究[J].煤炭学报,2013,38(9):1589-1596.

[7] 韩颖,张飞燕,余伟凡,等.煤屑瓦斯全程扩散规律的实验研究[J].煤炭学报,2011,36(10):1699-1703.

[8] 易俊,姜永东,鲜学福.煤层微孔中甲烷的简化双扩散数学模型[J].煤炭学报,2009,34(3):355-360.

[9] 靳朝辉.离子交换动力学的研究[D].天津:天津大学,2004.

[10] 近藤精一.吸附科学[M].李国希,译.北京:化学工业出版社,2006.

[11] GRAY P G, DO D D. A graphical method for determining pore and surface diffusivities in adsorption systems[J]. Industrial & engineering chemistry research,1992,31:1176-1182.

[12] YOSHIDA H,KATAOKA G,IKEDA S. Intraparticle mass transfer in bidispersed porous ion exchanger part I:isotopic ion exchange[J]. The Canadian Journal of Chemical Engineering,1985,63:422-435.

[13] HELFERICH G F. Models and physical reality in ion-exchange kinetics [J]. Reactive polymers,1990,13(1/2):191-194.

[14] RUCKENSTEIN E, VAIDYANATHAN A S, YOUNGQUIST G R. Sorption by solids with bidisperse pore structures [J]. Chemical engineering science,1971,26:1305-1318.

[15] PATELL S,TURNER J C R. Equilibrium and sorption properties of some porous ion-exchangers[J]. Process technology,1979,1(1):42-49.

[16] WEATHERLEY L R,TUNRER J C R. Ion-exchange kinetics comparison between a macroporous and a gel resin[J]. Transactions of the institution of chemical engineers,1976,54:89-94.

[17] SHI J Q,DURUCAN S. A bidisperse pore diffusion model for methane displacement desorption in coal by CO_2 injection[J]. Fuel,2003,82(10):1219-1229.

[18] DOUGLAS M, FRANK L. Direct method of determining the methane content of coal-a modification [J]. Fuel,1984,63(3):425-427.

[19] SHI J Q,DURUCAN S. Methane displacement desorption in coal by CO_2 injection:numerical modelling of multi-component gas diffusion in coal matrix[C]//Greenhouse Gas Control Technologies - 6th International Conference. Amsterdam:Elsevier,2003:539-544.

[20] SEVENSTER P G. Diffusion of gases through coal[J]. International

journal of coal geology,1959,48(1):403-418.

[22] 杨其銮.关于煤屑瓦斯放散规律的试验研究[J].煤矿安全,1987(2):9-16.

[23] 聂百胜,郭勇义,吴世跃,等.煤粒瓦斯扩散的理论模型及其解析解[J].中国矿业大学学报,2001,30(1):19-22.

[24] 聂百胜,王恩元,郭勇义,等.煤粒瓦斯扩散的数学物理模型[J].辽宁工程技术大学学报(自然科学版),1999(6):582-585.

[25] 郭勇义,吴世跃,王跃明,等.煤粒瓦斯扩散及扩散系数测定方法的研究[J].山西矿业学院学报,1997(1):17-21,33.

[26] 高家锐.动量、质量、热量传输机理[M].重庆:重庆大学出版社,1987:329-394.

第5章 脉动压裂液滞留效应
及解除机制

脉动水力压裂过程中脉动波作用煤体的扩孔作用和冲蚀作用使煤的中孔、大孔隙增多，扩大了瓦斯扩散的通道，但是煤体孔隙内水分的滞留使脉动水力压裂后期瓦斯解吸量一般为干燥煤样自然解吸时的 20%～60%，而且导致煤中瓦斯扩散阻力增加。脉动水力压裂后期对煤中瓦斯的解吸和扩散会存在一定程度的水锁效应，其本质是由于脉动压裂液滞留损害效应引起的。本章对脉动压裂液滞留效应机理进行分析，对基于表面活性剂的清洁压裂液解除机制进行研究，采用核磁共振技术对压裂液的滞留特性及解除效果进行评价分析。

5.1 滞留效应机理及解除方法的选择

5.1.1 滞留效应产生原因

5.1.1.1 毛细管力作用

当煤层进行脉动水力压裂时，脉动水侵入沿着煤孔隙结构进入低渗透性煤层内部[1]，由于水在煤表面是润湿的，水很容易进入煤孔隙中。当水-瓦斯界面达到平衡时，会形成一个弯向水相的弯液面，弯液面两侧存在压力差，其中一侧是水的侵入动力，另一侧是煤层孔隙瓦斯压力，这种压差称为毛细管力，毛细管力的大小可根据拉普拉斯方程计算[2-3]：

$$P_c = \frac{2\sigma\cos\theta}{r} \tag{5-1}$$

式中　P_c——毛细管力，Pa；

　　　σ——压裂液表面张力，10^{-3} N/m；

　　　θ——接触角，(°)；

　　　r——孔隙半径，nm。

由式(5-1)可知，毛细管力与压裂液表面张力成正比，压裂液表面张力越大，毛细管力越大;与煤的孔径成反比,孔径越小对应的毛细管力就越大。同时,当接触角 θ 越接近 90°时,毛细管力越小;偏离 90°程度越大,毛细管力越大[4-5]。

5.1.1.2 黏度滞后效应

压裂液在煤体孔隙中的滞留堵塞了瓦斯运移的通道,造成瓦斯抽采困难。压裂液的黏度大导致压裂液滞后排出,加剧了滞留效应的伤害。瓦斯抽采过程中,一方面抽采煤层中的瓦斯[6-7],另一方面应最大限度地排出煤孔隙中滞留的水分。根据 Poiseuille 公式,毛细管排出压裂液的体积为[8-10]:

$$Q = \frac{\pi r^4 (p_d - \frac{2\sigma\cos\theta}{r})}{8\mu L} \qquad (5-2)$$

式中 L——压裂液侵入孔径深度,m;

p_d——驱动压力,此处为孔隙内瓦斯压力和抽采负压的总和,Pa;

μ——压裂液黏度,Pa·s。

若体积量除以截面积,则得到线速度,即有[11-12]:

$$\frac{dL}{dt} = \frac{r^2 (p_d - \frac{2\sigma\cos\theta}{r})}{8\mu L} \qquad (5-3)$$

式(5-3)两边移项并积分,得到在驱动压力 p_d 作用下从孔径为 r 的毛细管中排出长为 L 的压裂液所需时间 t 为:

$$t = \frac{4\mu L^2}{p_d r^2 - 2r\sigma\cos\theta} \qquad (5-4)$$

由式(5-4)可以发现,压裂液黏度越大,排液时间越长;毛细管半径越小,排液时间越长;压裂液表面张力越大,排液时间越长。脉动水力压裂后,侵入煤层的压裂液若不及时排除,会影响瓦斯运移特性,且压裂液黏度大,产生黏度滞后效应,增加了液相滞留时间。

5.1.2 影响滞留效应因素分析

由脉动压裂液滞留效应产生的原因可以得出,影响滞留效应的因素主要有:煤层物理性质(主要包括孔隙结构、渗透率、原始含水饱和度等)、流体表面张力、接触角、流体侵入深度等。

5.1.2.1 煤层物理性质

煤层的孔隙结构、渗透率、原始含水饱和度等对滞留效应均有影响。煤的孔径越小,所产生的毛细管力越大,瓦斯抽采也就越缓慢,液相滞留也就越严重。低渗透性煤层的微孔发育、孔隙半径小,这决定了低渗透性煤层的毛细管力很大。另外,低渗透性煤层的渗透率很低,渗透率越低,滞留伤害越大,两者具有很强的负相关性[13]。煤层的原始含水饱和度同样对滞留效应影响显著,两者呈负相关关系,原始含水饱和度越大,滞留伤害越微弱[14]。

5.1.2.2 流体表面张力

当压裂液进入煤层后,其表面张力越大,则毛细管力越大,抽采瓦斯的阻力也越大。因此,在煤层地质条件同等前提下,压裂液表面张力越大,滞留效应伤害程度越强。张振华等[15]利用灰色理论研究发现,在煤样渗透率、煤层原始含水饱和度以及流体界面张力这三个因素中,流体的表面张力对滞留效应的影响最为明显。

5.1.2.3 接触角

压裂液对煤体的润湿性对毛细管力影响很大。当接触角 θ 越接近 $90°$,毛细管力越小;偏离 $90°$ 程度越大,毛细管力越大。由于接触角的变化,使得毛细管力变化,造成液相滞留伤害。

5.1.2.4 压裂液黏度

由式(5-4)可以发现,压裂液黏度影响液体滞留效应,影响压裂液排除煤体时间,压裂液黏度越小,排液时间越短。

5.1.2.5 侵入煤体深度

由式(5-4)可知,压裂液侵入煤体深度影响液体滞留效应,影响煤体排出滞留液体的能力。侵入深度越大,液体滞留效应越明显,进而导致滞留伤害越严重。

综上所述,影响脉动压裂液滞留效应的五个因素中,煤层物理性质是脉动压裂煤层固有属性;压裂液黏度大、侵入煤体深度大会从时间上减缓压裂液的排出,但不会产生永久液相滞留效应;而压裂液的表面张力和接触角不仅影响着压裂液的排出时间,而且决定着毛细管力的大小。由式(5-2)可以看出,只有当驱动压力大于毛细管力时,压裂液才能排出,因此,压裂液的表面张力和接触角是液相滞留效应能否解除的决定因素。

5.1.3 解除滞留效应方法的选择

通过对滞留效应及影响因素分析可以发现,毛细管力是造成滞留效应的决定性原因,减小毛细管力可以降低液相滞留伤害。根据公式(5-1)可以看出,减小毛细管力有三个基本途径:

(1)降低压裂液的表面张力;

(2)增大压裂液在煤表面的接触角;

(3)增大煤层的孔径,提高孔隙、裂隙发育程度。

在脉动水力压裂过程中,脉动波作用煤孔隙特性发生很大变化,随着脉动频率和脉动峰值压力的增加,脉动波作用煤孔隙的扩孔作用和冲蚀作用增加,增大了煤层孔径,提高了孔隙、裂隙发育程度,因此,脉动水力压裂本身就起到降低液相滞留效应的功能。若脉动水力压裂后,水分能够排除煤体,则瓦斯扩散通道增加,扩散能力增加。

由以上分析可以得出，除脉动水力压裂增大煤层的孔径，提高孔隙、裂隙发育程度外，对于解除液相滞留效应的方法，还能从压裂液的角度进行考虑。根据物理化学知识，表面活性剂能够改变水的表面张力及与煤的接触角。表面活性剂一方面起到降低溶液表面张力的作用，另一方面会使溶液在固体表面形成的接触角变小。根据公式（5-1）可知，综合考虑表面活性剂的选择应使 $\sigma\cos\theta$ 越小越好。同时，黏度滞后效应也是液相滞留效应产生的重要原因，因此在降低毛细管力的同时，应该尽量降低或不增加压裂液的黏度，缩短压裂液的排液时间。以下对基于表面活性剂的清洁压裂液解除滞留效应机制进行研究，寻求在脉动水力压裂后期侵入一定深度时的液相滞留效应解除方法。

5.2　基于表面活性剂的清洁压裂液性能实验研究

在低渗透性煤层中，脉动压裂液的性能是决定液相滞留效应的关键，因此，解除滞留效应需要从根本上选择合理的基于表面活性剂的清洁脉动压裂液。本节通过测定不同表面活性剂的临界胶束浓度，测试不同表面活性剂溶液的表面张力和黏度及其在古汉山矿、杨柳矿和松树矿三种不同煤种表面形成的动态接触角，以期选择显著减小压裂液滞留效应的表面活性剂及其合理溶液浓度。

5.2.1　试剂及实验方法

5.2.1.1　表面活性剂试剂及溶液配比

根据表面活性剂的分类，本实验采用阴离子、非离子、阳离子三类八种表面活性剂，考察其溶液表面张力、黏度和动态接触角的变化规律。实验所用表面活性剂种类如表 5-1 所列。

表 5-1　实验表面活性剂种类

表面活性剂名称	简称	类型
十二烷基硫酸钠	SDS	阴离子
十二烷基苯硫酸钠	SDBS	阴离子
单烷基磷酸酯钾盐	MAP	阴离子
OP 乳化剂	OP	非离子
聚氧乙烯醚	JFC	非离子
聚丙二醇	PPG	非离子
十二烷基二甲基苄基氯化铵	1 227	阳离子
阳离子纤维素	JR	阳离子

将 8 种表面活性剂分别配备成浓度为 0.005％、0.01％、0.02％、0.04％、0.06％、0.08％、0.1％、0.12％及 0.14％的 9 种不同浓度条件下表面活性剂溶液。

5.2.1.2　煤样制备

将古汉山矿、杨柳矿及松树矿 3 种不同变质程度的煤样粉碎,筛选 200 目以下煤粉,测定质量 2 g,将煤粉均匀摊放在压片机衬套中央,在衬套和模具之间装填硼酸,在 45 MPa 压力下保持 1 min,压制成直径约 40 mm(煤样直径约32 mm)、厚约 6 mm(煤样厚约为 2 mm)具有压光平面的圆柱体试片。实验用压片机如图 5-1 所示,煤样压片如图 5-2 所示。

图 5-1　压片机

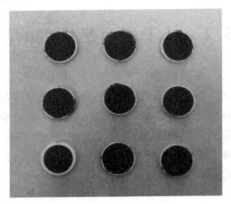

图 5-2　煤样压片

5.2.1.3　溶液表面张力及接触角的测定

采用德国 Kruss 公司设计生产的 DSA 型光学法液滴形态分析系统,如图 5-3 所示,利用悬滴法(pendant drop)在常温下测量不同浓度表面活性剂溶液的表面张力;利用躺滴法(sessile drop)动态连续跟踪测量模式测量不同浓度表面活性剂在不同煤样表面接触角随时间的变化。

5.2.2　临界胶束浓度的确定

表面活性剂分子结构一般是由极性基和非极性基构成。极性基易溶于水具有亲水性质,称为亲水基;而非极性基不溶于水,称为疏水基。表面活性剂浓度很低时,稍微增加浓度就可使溶液的表面张力急剧下降,而当表面活性剂的浓度超过某一数值后,溶液的表面张力几乎不随浓度变化。此时,表面活性剂分子把疏水基包围在内部几乎不与水接触而把亲水基朝向水中组成的分子聚集体称为胶束。把表面活性剂在溶液中开始形成胶束的浓度称为临界胶束浓度,是表面活性剂性质随浓度变化的突变点。此时溶液的表面张力称为临界表面张力,通

图 5-3　DSA 型光学法液滴形态分析系统

常用 σ_c 表示。临界胶束浓度的大小可以表征表面活性剂降低溶液表面张力的效率,临界胶束浓度越小,表明该表面活性剂降低溶液表面张力的效率越高;σ_c 的大小可以表征表面活性剂降低溶液表面张力的效能,σ_c 越小,表明该表面活性剂降低溶液表面张力的效能越好。

利用表面张力法[16]测定表面活性剂的临界胶束浓度。通过 DSA 型光学法液滴形态分析系统,利用悬滴法测得 8 种表面活性剂溶液在 9 种浓度下的表面张力如表 5-2 所列。

表 5-2　不同浓度下表面活性剂溶液的表面张力统计　单位:mN/m

名称	浓度/%									
	0	0.005	0.01	0.02	0.04	0.06	0.08	0.10	0.12	0.14
SDS	72.13	45.31	35.61	32.76	29.33	29.21	29.02	28.55	28.54	28.54
SDBS	72.13	50.88	46.67	40.31	34.74	30.48	29.41	28.51	28.47	28.41
MAP	72.13	37.01	33.39	30.99	28.23	27.79	27.79	27.78	27.72	27.66
OP	72.13	39.36	34.67	31.63	28.58	28.56	28.12	28.12	28.12	28.12
JFC	72.13	36.01	32.47	30.17	26.30	26.09	26.07	26.05	26.05	26.05
PPG	72.13	56.96	49.74	41.86	35.63	33.19	31.38	30.78	30.76	30.74
1227	72.13	59.35	56.50	51.77	49.16	47.46	47.40	47.40	47.39	47.39
JR	72.13	60.55	58.77	57.83	57.41	56.90	56.86	56.85	56.71	56.69

注:浓度为 0% 的溶液为纯水。

由表 5-2 得到 8 种表面活性剂溶液随浓度增加的变化情况,如图 5-4 所示。

由图 5-4 可以得出,阴离子表面活性剂 SDS、SDBS、MAP,非离子表面活性剂 OP、JFC、PPG,阳离子表面活性剂 1227、JR 均可以降低水的表面张力,而且,溶液的表面张力均随着表面活性剂浓度的增加呈下降趋势。浓度较小时,表面

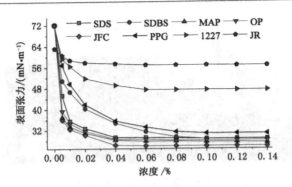

图 5-4 溶液表面张力随浓度的变化情况

张力下降幅度较大,当浓度超过某一值时,表面张力几乎不再发生明显变化。其中,同等浓度条件下,非离子表面活性剂 JFC 溶液的表面张力下降幅度最大,浓度为 0.14% 时,表面张力为 26.05 mN/m;阳离子表面活性剂 JR 溶液的表面张力下降幅度最小,浓度为 0.14%,表面张力为 56.69 mN/m。

根据 Taffarel 利用天然沸石吸收十二烷基苯磺酸钠溶液一文中的表面张力求临界胶束浓度方法[17],利用表面活性剂溶液浓度与其对应的表面张力作图,进而在图中作两条直线,一条直线经过表面张力下降区,另一条经过表面张力平缓区,两直线有一交点,此交点对应的浓度即是溶液的临界胶束浓度。根据这种方法,以 SDS 和 OP 溶液为例进行说明,作图 5-5 和图 5-6。

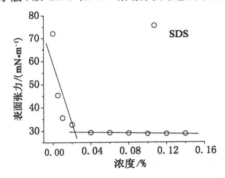

图 5-5 不同浓度下 SDS 溶液表面张力   图 5-6 不同浓度下 OP 溶液表面张力

由图 5-5 和图 5-6 的利用表面张力法测定表面活性剂溶液的临界胶束浓度,求得阴离子表面活性剂 SDS 溶液的临界胶束浓度为 0.022%,非离子表面活性剂 OP 溶液的临界胶束浓度为 0.024%。然后,分别配置浓度为 0.022% 和 0.024% 的 SDS 和 OP 表面活性剂溶液,测得其临界表面张力 σ_c 分别为 29.56 mN/m 和 28.93 mN/m。

利用相同的方法,得到 8 种阴离子、非离子及阳离子表面活性剂溶液的临界胶束浓度和临界表面张力如表 5-3 所列。

表 5-3　不同表面活性剂溶液的临界胶束浓度及临界表面张力

表面活性剂	SDS	SDBS	MAP	OP	JFC	PPG	1227	JR
临界胶束浓度/%	0.022	0.036	0.025	0.024	0.029	0.039	0.045	0.041
$\sigma_c/(\mathrm{mN \cdot m^{-1}})$	29.56	34.79	29.03	28.93	26.71	36.58	48.72	57.32

由表 5-3 可知,当表面活性剂达到临界胶束浓度时,其对应的浓度很小,均小于 0.05%。其中,阴离子和非离子表面活性剂溶液的临界胶束浓度均小于阳离子表面活性剂的临界胶束浓度,表明阴离子和非离子表面活性剂降低溶液表面张力的效率要高于阳离子表面活性剂。其中,阴离子表面活性剂 SDS 溶液临界胶束浓度最低,仅为 0.022%,表明所选表面活性剂中该表面活性剂降低溶液表面张力的效率最高。

相同测试条件下,表面活性剂溶液达到临界胶束浓度时,其对应的临界表面张力 σ_c 均小于水的表面张力。而且,阴离子和非离子表面活性剂溶液的临界表面张力 σ_c 均小于阳离子表面活性剂的 σ_c,表明阴离子和非离子表面活性剂降低溶液表面张力的效能要强于阳离子表面活性剂。

5.2.3　不同煤种的动态接触角特性

所谓接触角,即从固-液-气三相的交界处,由固-液界面经过液体内部至液-气界面的夹角,如图 5-7 所示。当接触角 θ 越接近 90°,毛细管力越小;偏离 90°程度越大,毛细管力越大。由于接触角的变化,使得毛细管力变化,造成液相滞留伤害。表面活性剂溶液滴落在煤表面上时,会在煤的固、液界面处形成初始接触角;随着时间的延长,接触角会一直发生变化,最终形成平衡接触角。平衡接触角是指在有限时间内(20 s)所达到的最低值。

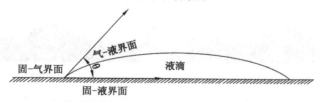

图 5-7　液相与固相之间的接触角

根据上一节中表面活性剂临界胶束浓度的测定结果,选择阴离子、阳离子、非离子三类八种表面活性剂在各自临界胶束浓度的表面活性剂溶液与古汉山矿、杨柳矿和松树矿三种不同变质程度煤的动态接触角进行测定,水作为对比试剂进行对比测试分析。

DSA 分析系统可精确拍摄到瞬时固、液接触角变化的图像,最快拍摄50 帧/s,能进行智能数据处理,操作简单,仪器精度高,测量结果准确,重现性好,为研究润湿的动态过程提供了有利的技术支持。

通过该系统得到 8 种表面活性剂溶液在古汉山矿、杨柳矿和松树矿煤样表面的动态接触角,以纯水和 8 种表面活性剂溶液在古汉山矿煤样表面的动态接触角为例,截取部分时间(1 s、10 s、20 s)的图片如图 5-8 至图 5-16 所示。

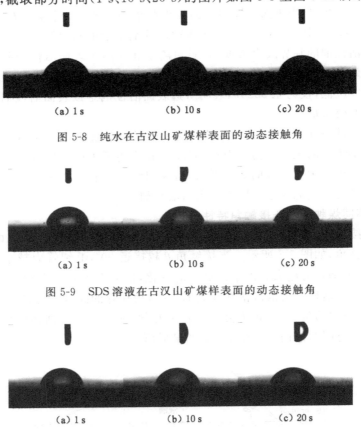

(a) 1 s   (b) 10 s   (c) 20 s

图 5-8　纯水在古汉山矿煤样表面的动态接触角

(a) 1 s   (b) 10 s   (c) 20 s

图 5-9　SDS 溶液在古汉山矿煤样表面的动态接触角

(a) 1 s   (b) 10 s   (c) 20 s

图 5-10　SDBS 溶液在古汉山矿煤样表面的动态接触角

由图 5-8～图 5-16 可以看出,纯水,阴离子表面活性剂 SDS、SDBS 及 MAP 溶液,非离子表面活性剂 OP、JFC 及 PPG 溶液,阳离子表面活性剂 1227 及 JR 溶液在煤样表面的接触角均随着时间的延长而减少。其中,纯水在煤表面形成

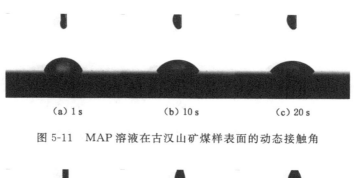

(a) 1 s　　　　　(b) 10 s　　　　　(c) 20 s

图 5-11　MAP 溶液在古汉山矿煤样表面的动态接触角

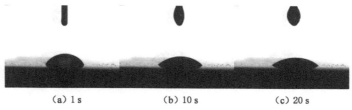

(a) 1 s　　　　　(b) 10 s　　　　　(c) 20 s

图 5-12　OP 溶液在古汉山矿煤样表面的动态接触角

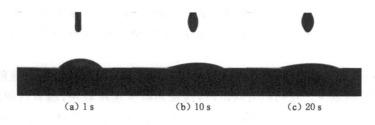

(a) 1 s　　　　　(b) 10 s　　　　　(c) 20 s

图 5-13　JFC 溶液在古汉山矿煤样表面的动态接触角

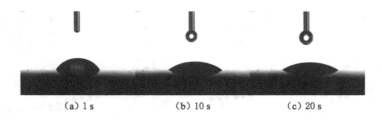

(a) 1 s　　　　　(b) 10 s　　　　　(c) 20 s

图 5-14　PPG 溶液在古汉山矿煤样表面的动态接触角

的接触角最大,起始接触角为 66.5°,在 20 s 后,平衡接触角为 66.0°,动态接触角减少幅度最小。非离子表面活性剂溶液在煤表面形成的平衡接触角最小,其中,JFC 溶液在古汉山矿煤样表面的平衡接触角仅为 16.1°,其动态接触角减小

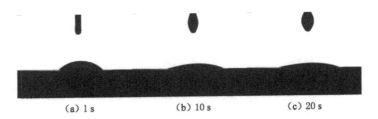

图 5-15　1227 溶液在古汉山矿煤样表面的动态接触角

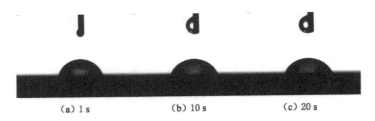

图 5-16　JR 溶液在古汉山矿煤样表面的动态接触角

幅度明显大于纯水、阴离子及阳离子表面活性剂溶液。8 种表面活性剂溶液在古汉山矿、杨柳矿和松树矿煤样表面的接触角随时间的动态变化曲线，如图 5-17 所示。

　　由图 5-17 可以看出，各种表面活性剂溶液在不同种煤表面的接触角均随着时间的延长而减少。在初始时间阶段，接触角减少速度较快，随着时间的增加，减少速度减慢，在 20 s 左右，接触角基本达到平衡。表面活性剂溶液在古汉山矿高变质程度煤表面的平衡接触角最大，杨柳矿中等变质程度煤表面的平衡接

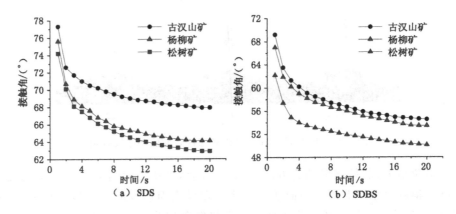

图 5-17　8 种溶液在不同种煤表面的接触角的动态变化曲线

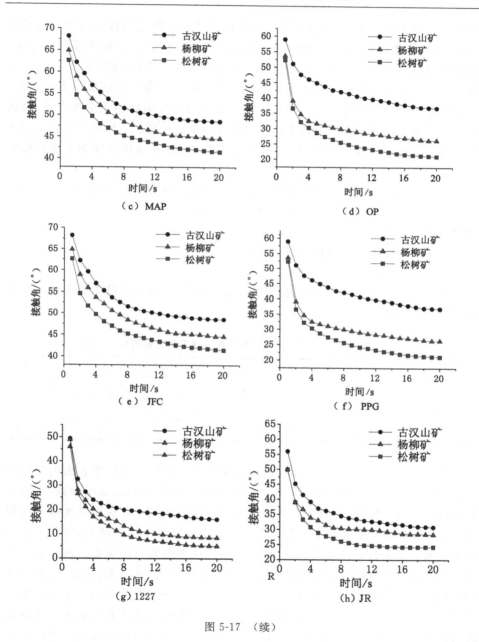

图 5-17　（续）

触角次之,松树矿低变质程度煤表面的接触角最小。可以得出,煤样变质程度越大,表面活性剂溶液在煤表面形成的平衡接触角越大。

　　表面活性剂溶液在煤表面形成接触角的大小与溶液的润湿特性相关。润湿是固体表面上的气体被液体取代的过程,即液体在固体表面接触角变小的动态过程,液体平衡接触角越小,则越容易润湿[18]。由此得出,煤样变质程度越大,越难以润湿。液体对固体的润湿作用大小主要取决于固体-液体和液体-液体的分子吸引力大小,当液体-固体分子吸引力大于液体本身分子间吸引力时,便会产生润湿现象。液体对固体的润湿作用一般也可用黏附功的大小来表示,黏附功可以理解为将某一界面分离为两个表面所需要的可逆功。液体对固体的分子相互吸引力越大,黏附功也越大,润湿性能越好,液体在固体表面的平衡接触角就越小。

表面活性剂溶液在煤样表面的黏附功大小可以通过式(5-5)计算得出[19]:

$$W = \sigma(\cos\theta + 1) \tag{5-5}$$

式中　W——黏附功,J;

　　　σ——液体的表面张力,mN/m;

　　　θ——接触角,(°)。

利用式(5-5)计算得到不同表面活性剂溶液在不同变质程度煤表面的黏附功,如表5-4所列。

表5-4　不同表面活性剂溶液在煤表面的黏附功　　单位:mN/m

取样地点	SDS	SDBS	MAP	OP	JFC	PPG	1227	JR	纯水
古汉山矿	41.14	48.18	46.2	51.4	51.16	60.7	76.35	82.02	101.46
杨柳矿	41.97	48.65	47.85	54.16	51.89	62.41	77.58	83.09	103.64
松树矿	42.52	50.03	48.64	55.21	52.08	63.46	80.19	85.78	103.98

由表5-4可以看出,同种表面活性剂溶液在不同变质程度煤表面的黏附功大小不同,随着变质程度的增加,表面活性剂溶液在煤表面的黏附功减少,这主要是由于随着变质程度的增加,煤大结构分子中的羟基、羧基等亲水基侧键脱落[20],使得表面活性剂溶液中水分子与煤大结构分子作用力减弱,导致表面活性剂溶液与煤表面的黏附功减弱,使得表面活性剂溶液与煤表面分离所需要的可逆功随着煤变质程度的增加而降低。同时可以看出,在纯水、阴离子、阳离子和非离子表面活性剂溶液与煤表面的黏附功大小方面,由大到小顺序为纯水>阳离子>非离子>阴离子,其中阴离子表面活性剂SDS溶液在煤表面形成的黏附功最小,分别为41.14 mN/m、41.97 mN/m和42.52 mN/m,说明阴离子表面活性剂溶液与煤表面分离所需要的可逆功最小。

5.2.4　表面活性剂溶液黏度变化

压裂液黏度影响液体滞留效应,影响压裂液排除煤体时间,压裂液黏度越小,排液时间越短。因此,采用 NDJ-8S 数显旋转黏度计对表面活性剂溶液达到临界胶束浓度时的黏度进行了测定,如表 5-5 所列。

表 5-5　表面活性剂溶液达到临界胶束浓度时的黏度

表面活性剂	SDS	SDBS	MAP	OP	JFC	PPG	1227	JR	纯水
黏度/mPa·s	1.1	1.2	1.1	1.1	1.1	1.2	1.1	2.3	1.1

由表 5-5 可以看出,表面活性剂溶液达到临界胶束浓度时,除阳离子表面活性剂 JR 溶液的黏度增加到 2.3 mPa·s 外,其余表面活性剂溶液的黏度和纯水的黏度相差不大,均为 1.1 mPa·s 左右,这也体现了基于表面活性剂的压裂液为清洁压裂液的一个方面。

5.2.5　表面活性剂的确定

根据 5.1 节脉动压裂液滞留效应机理及其影响因素的分析,毛细管力是造成滞留损害效应的决定性原因,因此,能显著降低毛细管力成为表面活性剂选择的标准。表面活性剂一方面起到降低溶液表面张力的作用,另一方面会使溶液在固体表面形成的接触角可能变小。根据公式(5-1)可知,综合考虑表面活性剂的选择应使 $\sigma\cos\theta$ 越小越好。同时,黏度滞后效应也是影响液相滞留效应的重要原因,因此在降低毛细管力的同时,应该尽量降低或不增加压裂液的黏度,缩短压裂液的排液时间。根据实验结果,统计各自临界胶束浓度下的表面活性剂溶液的表面张力 σ、接触角 θ 及 $\sigma\cos\theta$ 数据,如表 5-6 所列。

表 5-6　表面活性剂表面张力 σ、接触角 θ 及 $\sigma\cos\theta$ 数据统计

表面活性剂	古汉山矿			杨柳矿			松树矿		
	σ	θ	$\sigma\cos\theta$	σ	θ	$\sigma\cos\theta$	σ	θ	$\sigma\cos\theta$
纯水	72.13	66.0	29.34	72.13	64.7	30.83	72.13	63.8	31.85
SDS	29.21	65.9	11.92	29.21	64.1	12.75	29.21	62.9	13.30
SDBS	30.48	54.5	17.70	30.48	53.4	18.17	30.48	50.1	19.55
MAP	27.79	48.5	18.41	27.79	43.8	20.06	27.79	41.4	20.85
OP	28.56	36.9	22.84	28.56	26.3	25.60	28.56	21.1	26.64
JFC	26.09	16.1	25.06	26.09	8.5	25.80	26.09	5.1	25.99
PPG	33.19	30.8	28.51	33.19	28.3	29.22	33.19	24.2	30.27
1227	47.46	52.5	28.89	47.46	50.6	30.12	47.46	46.4	32.70
JR	56.90	63.8	25.12	56.90	62.6	26.19	56.90	59.5	28.88

由表 5-6 可以得出,随着煤样变质程度的增加,$\sigma\cos\theta$ 呈现下降趋势,即在溶液侵入煤样孔径大小相同的情况下,溶液在孔隙中的毛细管力随着煤样变质程度的增加而降低。阴离子、阳离子和非离子表面活性剂均可以降低毛细管力,总体来看,阴离子表面活性剂降低毛细管力幅度最大,其中表面活性剂 SDS 溶液降低毛细管力幅度最大,即其降低滞留效应程度最大。因此,可以选择表面活性剂 SDS 作为清洁压裂液的最佳表面活性剂添加剂。

5.3   清洁压裂液解除滞留效应评价分析

以上对基于不同种类表面活性剂溶液的清洁压裂液性能进行了实验研究,通过测定溶液的临界胶束浓度、表面张力、黏度及其在古汉山矿、杨柳矿和松树矿三种不同种煤表面的动态接触角,选择出能显著降低压裂液滞留效应的表面活性剂 SDS 作为清洁压裂液的最佳表面活性剂添加剂。本节基于核磁共振测试新技术,通过使煤样完全饱和表面活性剂 SDS 溶液和离心后的煤样测试 T_2 分布相对比,进行滞留效应解除评价分析。同时,使煤样饱和纯水、非离子表面活性剂 JFC 和阳离子表面活性剂 JR 溶液进行对比分析。

5.3.1   NMR 测试机理

5.3.1.1   MiniMR 系列核磁共振设备

MiniMR 系列核磁共振测试分析系统是一款基于稀土钕铁硼材料永磁低场核磁共振技术的,能够模拟地层高压条件的岩芯核磁共振成像分析系统,如图 5-18 所示。

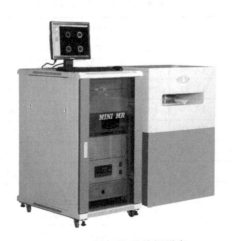

图 5-18   低场核磁共振设备

NMR 的基本原理为[21-22]：煤体中的水分子有着不同的局部环境，被限制在不同尺寸的煤孔隙中。根据量子力学理论，当水分子中氢原子核 H^1 处于恒定外加磁场 B_0 中，核自旋系统将发生能级裂分，质子被分解为两个能级，大部分核自旋处于低能态，少部分处于高能态。在射频场施加之前，核自旋系统处于低能级的平衡状态，所有核自旋对外表现出来的宏观磁化矢量 M 与静磁场 B_0 方向相同。在射频场作用期间，磁化矢量 M 偏离静磁场方向而处于高能级的非平衡状态。射频场作用结束后，核自旋从高能级的非平衡状态恢复到低能级的平衡状态。磁化矢量恢复到平衡状态的过程叫作弛豫，垂直于外磁场 B_0 方向的横向磁化矢量从非平衡态恢复到平衡态的过程称为横向弛豫过程，其恢复过程的快慢可用横向弛豫时间 T_2 表征。

5.3.1.2 NMR T_2 分布

由 NMR 弛豫机制可知[23-24]，T_2 值由以下几个参数构成，如下式所列：

$$\frac{1}{T_2} = \frac{1}{T_{2B}} + \rho_2 \left[\frac{S}{V}\right] + \frac{D\,(GT_E)^2}{12} \tag{5-6}$$

式中　T_{2B}——流体的体积弛豫时间，ms；

$\quad\quad D$——扩散系数，$\mu m^2/ms$；

$\quad\quad G$——磁场梯度，gauss/cm；

$\quad\quad T_E$——回波间隔，ms；

$\quad\quad S$——孔隙的表面积，cm^2；

$\quad\quad V$——孔隙的体积，cm^3；

$\quad\quad \rho_2$——水泥的横向表面弛豫强度，$\mu m/ms$。

T_{2B} 的数值通常在 2～3 s，要比 T_2 大得多，因此式(5-6)中右边第一项可忽略。当磁场很均匀时(对应 G 很小)，且 T_E 足够小时，式(5-6)中右边第三项也可以忽略，可得：

$$\frac{1}{T_2} = \rho_2 \left[\frac{S}{V}\right] \tag{5-7}$$

受限流体的弛豫主要受制于表面弛豫的影响。对于特定介质而言，T_2 与多孔介质的比表面积相关，在孔隙率相同时，孔径越小，比表面积越大，表面相互作用的影响越强烈，T_2 就越短。

由于核磁共振的 T_2 信号幅度来源主要为氢质子，氢质子越多，T_2 信号幅度越大，说明含水率越多。本节通过完全饱和表面活性剂溶液和离心后煤样的 T_2 分布对比进行滞留效应解除评价分析。

5.3.2 解除滞留效应评价方案设计

首先，将煤样制备成直径为 2.5 cm、长为 5 cm 的圆柱形煤样(图 5-19)，同时,制备在临界胶束浓度条件下的 SDS、JFC 和 JR 溶液。

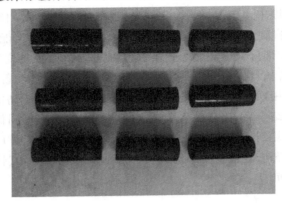

图 5-19　实验煤样

然后,利用 NM-VSD 型真空饱和装置对制备的煤样干抽 480 min,湿抽 240 min,分别饱和纯水、SDS、JFC 和 JR 溶液,之后进行核磁共振测试,并反演 T_2 分布。

最后,利用 TG16-WS 台式高速离心机分别将饱和溶液煤样在转速为 12 000 r/min 条件下离心 20 min,再次进行核磁共振测试,并反演 T_2 分布,对比两次 T_2 分布结果,进行液相滞留效应解除评价分析。

实验所用的 NM-VSD 型真空饱和装置用来将煤样做饱和溶液处理,其干抽范围为 0~720 min,湿抽范围为 0~240 min,抽真空负压为 −0.1 MPa,如图 5-20 所示。

图 5-20　NM-VSD 型真空饱和装置

　　TG16-WS 台式高速离心机用于离心煤样,使煤样与溶液分离,其最高转速为 16 000 r/min,最大相对离心力为 23 669g,如图 5-21 所示。

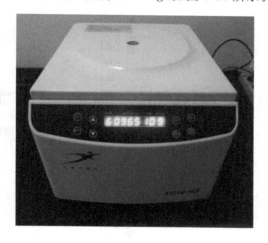

图 5-21　TG16-WS 台式高速离心机

5.3.3　清洁压裂液滞留效应解除评价分析

　　基于核磁共振设备测得煤样在饱和纯水、JR、JFC、SDS 溶液时及离心后的 T_2 分布曲线,如图 5-22 所示。

　　由图 5-22 可以看出,横向弛豫时间 T_2 在分布范围内存在三个弛豫峰,三个弛豫峰的位置区间为:第 1 弛豫峰 0.2~2 ms;第 2 弛豫峰 2~20 ms;第 3 弛豫峰 60~100 ms。T_2 与多孔介质的比表面积相关,孔径越小,T_2 就越短。因此,第 1 弛豫峰对应的孔径要小于第 2 弛豫峰和第 3 弛豫峰,第 3 弛豫峰对应的孔径最大。煤样离心后,饱和四种溶液的煤样 T_2 分布的第 3 弛豫峰均消失,峰值面积变为 0。饱和纯水的煤样第 2 弛豫峰降低,峰面积减少,第 1 弛豫峰值基本无变化;饱和 JR、JFC 及 SDS 溶液的煤样第 1 弛豫峰和第 2 弛豫峰均降低,峰面积均减少。可以得出,煤样在离心 20 min 后,四种煤样第 3 弛豫峰对应孔隙中的溶液均能排出,饱和纯水的煤样第 2 弛豫峰对应孔隙内的水分有少量排出,第 1 弛豫峰对应孔隙中的水分基本无法排出,水分在第 1 弛豫峰对应孔隙内的液相滞留效应不能解除。饱和 JR 和 JFC 及 SDS 溶液的煤样,第 1 弛豫峰和第 2 弛豫峰对应孔隙中的水分均可以排出煤体,第 1 弛豫峰对应孔隙内的水分在排出过程中部分滞留在第 2 弛豫峰对应孔隙内,导致第 2 弛豫峰值无法完全消失。

　　T_2 分布的弛豫峰面积代表了煤样孔隙内水分的含量,因此,以弛豫峰面积作为评价指标,对饱和各种溶液的煤样在离心前后的第 1 弛豫峰、第 2 弛豫峰、

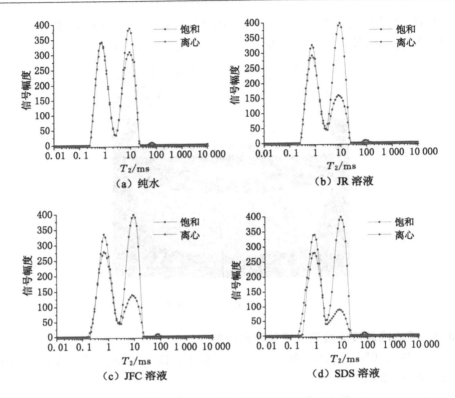

图 5-22　饱和及离心后的煤样 T_2 分布曲线

第 3 弛豫峰面积进行统计,定量评价各表面活性剂溶液解除滞留效应情况,如表 5-7 所列。

表 5-7　煤样在离心前后 T_2 分布中峰值面积统计

饱和溶液	煤样状态	峰面积			
		第 1 弛豫峰	第 2 弛豫峰	第 3 弛豫峰	总面积
纯水	离心前	3 233.49	3 428.66	17.95	6 680.10
	离心后	3 231.21	3 089.43	0	6 320.64
	解除率	0.07%	9.9%	100%	5.4%
JR	离心前	3 143.56	3 443.75	18.85	6 606.16
	离心后	2 990.16	1 639.46	0	4 629.62
	解除率	4.9%	52.4%	100%	29.9%

表 5-7（续）

饱和溶液	煤样状态	峰面积			
		第 1 弛豫峰	第 2 弛豫峰	第 3 弛豫峰	总面积
JFC	离心前	3 233.49	3 421.42	17.13	6 672.04
	离心后	2 947.32	1 410.15	0	4 357.47
	解除率	8.9%	58.8%	100%	34.7%
SDS	离心前	3 233.49	3 428.66	17.76	6 672.67
	离心后	2 319.76	875.34	0	3 195.10
	解除率	28.3%	74.5%	100%	52.1%

注：解除率＝$(V_{离心前} - V_{离心后})/V_{离心前}$。

由表 5-7 可以得出，煤样经过离心后，在孔隙范围内，第 3 弛豫峰对应的大孔内液相滞留解除率最高，均达到 100%；第 1 弛豫峰对应的孔隙内滞留效应解除率最低，其中，饱和纯水煤样的解除率基本为 0，饱和阴离子表面活性剂 SDS 溶液的煤样微孔内滞留解除率最高，为 28.3%。这主要是因为在一定的离心力条件下，煤样孔径越小，溶液的 $\sigma\cos\theta$ 值越大，则煤样孔隙与溶液之间的毛细管力越大，使溶液排出需要克服的可逆功越大。就煤体内液相滞留效应的总体解除效果而言，阳离子、非离子、阴离子表面活性剂均可以解除滞留效应，其中，阴离子表面活性剂解除滞留效率高于阳离子和非离子表面活性剂，在离心机转速为 12 000 r/min 条件下离心 20 min 后，阴离子表面活性剂 SDS 的滞留效应解除率达到 52.1%。

值得指出的是，本实验中离心机产生的离心力与煤矿现场提供的抽采负压作用效果相同，均是对煤孔隙内产生一种孔隙负压，使煤层内的水分能够排出煤体。因此，在煤矿现场，可以选择阴离子表面活性剂 SDS 作为清洁压裂液的最佳表面活性剂添加剂，能够最大限度地提高煤体液相滞留效应解除率。

5.4　本章小结

本章首先对脉动压裂液滞留效应机理进行分析，然后对基于表面活性剂的清洁压裂液解除机制进行研究，采用核磁共振技术对压裂液滞留效应的解除效果进行评价分析，主要结论如下：

（1）毛细管力作用和黏度滞后效应是脉动压裂液滞留效应产生的两个原因。影响滞留效应的五个因素中，煤层物理性质是脉动压裂煤层固有属性；压裂液黏度大、侵入煤体深度大会从时间上减缓压裂液的排出，但不会产生永久滞留效应;压裂液的表面张力和接触角是液相滞留效应能否解除的决定因素。

（2）表面活性剂可以降低水的表面张力,而且,表面张力均随着表面活性剂浓度的增加呈下降趋势。其中,非离子表面活性剂 JFC 溶液的表面张力下降幅度最大,浓度为 0.14% 时,表面张力为 26.05 mN/m;阳离子表面活性剂 JR 溶液的表面张力下降幅度最小,浓度为 0.14% 时,表面张力为 56.69 mN/m。

（3）当表面活性剂达到临界胶束浓度时,对应的表面活性剂溶液浓度均小于 0.05%,临界表面张力 σ_c 均小于水的表面张力。其中,阴离子和非离子表面活性剂降低溶液表面张力的效率及效能均要高于阳离子表面活性剂。

（4）各种表面活性剂溶液在不同种煤表面的接触角均随着时间的延长而减少。在初始时间阶段,接触角减少速度较快,随着时间的增加,减少速度减慢,在 20 s 左右,接触角基本达到平衡。其中,非离子表面活性剂 JFC 溶液的平衡接触角减少幅度明显大于纯水、阴离子及阳离子表面活性剂溶液。而且,煤样变质程度越大,表面活性剂溶液在煤表面形成的平衡接触角越大。

（5）同种表面活性剂溶液在不同变质程度煤表面的黏附功大小不同,随着变质程度的增加,表面活性剂溶液在煤表面的黏附功减少。其中,阴离子表面活性剂 SDS 溶液在煤表面形成的黏附功最小,分别为 41.14 mN/m、41.97 mN/m 和 42.52 mN/m,说明阴离子表面活性剂溶液与煤表面分离所需要的可逆功最小。

（6）阴离子表面活性剂的液相滞留效应解除效率高于阳离子和非离子表面活性剂,在离心机转速为 12 000 r/min 条件下离心 20 min 后,阴离子表面活性剂 SDS 的滞留解除率达到 52.1%。在煤矿现场,可以选择阴离子表面活性剂 SDS 作为清洁压裂液的最佳表面活性剂添加剂,在一定的抽采负压条件下能够最大限度地提高脉动压裂液滞留效应解除率,且其合理浓度为临界胶束浓度 0.022%。

参 考 文 献

[1] 林光荣,邵创国,徐振锋,等.低渗气藏水锁伤害及解除方法研究[J].石油勘探与开发,2003,30(6):117-118.

[2] 蒋官澄,王晓军,关键,等.低渗特低渗储层水锁损害定量预测方法[J].石油钻探技术,2012,40(1):69-73.

[3] 刘建坤,郭和坤,李海波,等.低渗透储层水锁伤害机理核磁共振实验研究[J].西安石油大学学报(自然科学版),2010,25(5):46-49,53.

[4] 任冠龙,吕开河,徐涛,等.低渗透储层水锁损害研究新进展[J].中外能源,

2013(12):55-61.

[5] 姚广聚,彭红利,雷炜,等.低渗透气藏低压低产气井解水锁技术研究及应用[J].油气地质与采收率,2011,18(5):97-99.

[6] 范文永,舒勇,李礼,等.低渗透油气层水锁损害机理及低损害钻井液技术研究[J].钻井液与完井液,2008,25(4):16-19.

[7] 谢晓永,郭新江,蒋祖军,等.基于孔隙结构分形特征的水锁损害预测新方法[J].天然气工业,2012,32(11):68-71.

[8] 梁承春,王国壮,解庆阁,等.解水锁技术在超低渗油藏分段压裂水平井中的应用[J].断块油气田,2014,21(5):652-655.

[9] 贺承祖,华明琪.水锁机理的定量研究[J].钻井液与完井液,2000,17(3):4-7.

[10] 张荣军,蒲春生,赵春鹏.板桥凝析油气藏水锁伤害实验研究[J].钻采工艺,2006,29(3):79-81.

[11] 贺承祖,华明琪.水锁效应研究[J].钻井液与完井液,1996(6):14-16.

[12] 联翩.低渗透气藏水锁伤害的预防技术研究[D].成都:西南石油大学,2012.

[13] 刘利.复配表面活性剂减缓低渗透储层水锁效应的实验研究[D].青岛:中国海洋大学,2011.

[14] 程卫民,张立军,周刚,等.综放工作面表面活性剂的喷雾降尘实验及其应用[J].山东科技大学学报(自然科学版),2009,28(4):77-81.

[15] 张振华,鄢捷年.用灰关联分析法预测低渗砂岩储层的水锁损害[J].石油钻探技术,2001,29(6):51-53.

[16] 杨静,谭允祯,伍修锟,等.煤尘润湿动力学模型的研究[J].煤炭学报,2009,34(8):1105-1109.

[17] JEHNG J,SPRAGUE D T,HALPERIN W P. Pore structure of hydrating cement paste by magnetic resonance relaxation analysis and freezing[J]. Magnetic resonance imaging,1996,14(7):785-791.

[18] 程传煊.表面物理化学[M].北京:科学技术文献出版社,1995:101-103.

[19] 滕新荣.表面物理化学[M].北京:化学工业出版社,2009:50-61.

[20] 杨林江,欧阳云丽,柯文丽,等.煤岩润湿性影响因素研究[J].煤,2012,21(8):4-5,27.

[21] YAO Y,LIU D. Comparison of low-field NMR and mercury intrusion porosimetry in characterizing pore size distributions of coals[J]. Fuel, 2012,95(1):152-158.

[22] YAO Y, LIU D, CHE Y, et al. Petrophysical characterization of coals by low-field nuclear magnetic resonance (NMR)[J]. Fuel, 2010, 89 (7): 1371-1380.

[23] 李杰林,周科平,张亚民,等. 基于核磁共振技术的岩石孔隙结构冻融损伤试验研究[J]. 岩石力学与工程学报,2012,31(6):1208-1214.

[24] YAO Y, LIU D, XIE S. Quantitative characterization of methane adsorption on coal using a low-field NMR relaxation method [J]. International journal of coal geology, 2014, 131:32-40.

第 6 章　煤中矿物吸湿膨胀影响渗透率动态演化规律

　　煤中含有大量的黏土性矿物质,在脉动水力压裂过程中,煤中矿物吸湿膨胀会对煤体渗透率演化过程产生影响。本章在多孔介质有效应力中引入吸湿膨胀产生的膨胀应力,并进一步推导得到了考虑吸湿膨胀的煤体渗透率动态演化模型。利用推导出的液固耦合模型对标准件煤样进行研究,考察其在不同围压和不同吸湿膨胀系数下,煤样渗透特性演化规律。通过对吸湿膨胀的研究丰富了脉动水力压裂过程煤体渗透性研究的理论和方法,对脉动水力压裂技术开发及瓦斯抽采具有重要的实践意义。

6.1　理　论　模　型

6.1.1　基本假设

　　在对煤体的液固耦合模拟研究时会涉及固体力学、渗流力学和传热学等多个学科领域,为了能够准确快速地进行模拟计算,本书做了以下假设:① 将研究所用的煤样定义为各向同性材料[1];② 水在煤样中渗流符合达西定律[2],且渗流过程中煤样是饱水的;③ 煤样在受到应力变形时为小变形,遵循广义胡克定律[3];④ 煤样在整个研究过程中是等温过程。

6.1.2　煤样变形场控制模型

6.1.2.1　平衡方程

　　将煤样定义为弹塑性材料,通过 Terzaghi 方程[4]可以对与土壤类似的固结程度较低的岩石进行研究,对方程进一步改进得到有效应力模型:

$$\sigma_{ij} + (\beta p \delta_{ij}) + F_i = 0 \tag{6-1}$$

式中　　δ_{ij}——Kronecker 函数;

　　　　F_i——体积张量,N/m³;

　　　　p——孔隙压力,MPa;

σ_{ij}——有效应力 MPa。

6.1.2.2 几何方程

在煤样空间问题上分析,煤样在各个方向上的位移分量的变化都是连续的,应变分量和几何分量满足柯西方程[5],其张量形式为:

$$\varepsilon_{ij} = \frac{1}{2}(u_{i,j} + u_{j,i})$$ (6-2)

式中 ε_{ij}——煤样骨架各方向变形分量($i, j = 1, 2, 3$);

u——煤样各方向上的变形位移量。

6.1.2.3 本构方程

假设煤样为弹塑性材料,将煤样赋予各向同性的性质,根据弹塑性材料,考虑孔隙压力引起的应变,热膨胀和吸湿膨胀引起的应变,煤样的本构方程[6]为:

$$\varepsilon_{ij} = \frac{1}{2G}\sigma_{ij} - (\frac{1}{2G} - \frac{1}{9K})\sigma_{ij}\delta_{ij} + \frac{\varepsilon_p}{3}\delta_{ij} + \frac{\varepsilon_{hs}}{3}\delta_{ij} + \frac{\varepsilon_T}{3}\delta_{ij}$$ (6-3)

式中 G——剪切模量,MPa,$G = E/[2(1-\nu)]$;

E——弹性模量,MPa;

K——体积模量,MPa,$K = E/[3(1-\nu)]$;

ν——泊松比;

ε_p——压应变;

ε_T——热应变;

ε_{hs}——吸湿应变。

由式(6-1)~式(6-3)可以得到 Navier[7]形式的煤体变形控制方程为:

$$Gu_{i,ij} + \frac{G}{1-2\nu}u_{j,ji} - K_T\varepsilon_T - K_{hs}\varepsilon_{hs} - \alpha P_i + F_i = 0$$ (6-4)

式中 K_T——温度应变系数;

K_{hs}——吸湿应变系数;

α——Biot-Willis 系数。

6.1.3 煤样水渗流连续性方程

煤样中水流动的连续性方程为:

$$\frac{\partial m}{\partial t} + \nabla(\rho v) = q$$ (6-5)

式中 m——流体质量,kg;

ρ——流体密度,kg/m³;

q——水的源项,kg/(m³·s);

v——速度,m/s。

单位体积煤中的水的质量还可以表示为:

$$m = \rho \varphi \qquad (6\text{-}6)$$

式中 φ——孔隙率。

所以由上式可得水在煤样中流动的连续性方程为：

$$\rho \frac{\partial K}{\partial t} - \frac{\kappa}{\mu} \nabla P = q \qquad (6\text{-}7)$$

式中 μ——动力黏度，Pa·s。

6.1.4 煤样孔隙率和渗透率动态演化方程

6.1.4.1 孔隙率演化模型

由于煤是一种复杂的多孔介质，具有大量的孔隙裂隙，因此，在煤样受载的过程中，煤样的孔隙率随着体积应变而改变，变形后的煤样体积为变形前的煤样体积减去煤样的变形量。设煤样的总体积为 V，孔隙体积为 V_P，煤样的骨架体积 V_S，所以孔隙率演化模型[8]：

$$
\begin{aligned}
K = \frac{V_P}{V} &= 1 - \frac{V_{S0}(1 + \Delta V_S / V_{S0})}{V_0(1 + \Delta V / V_0)} \\
&= 1 - \frac{1 - K_0}{1 + \varepsilon_V}\left(1 + \frac{\Delta V_S}{V_{S0}}\right) \qquad (6\text{-}8)
\end{aligned}
$$

$\Delta V_S / V_{S0}$ 为煤样的变形，由煤样骨架的热膨胀应变，吸湿膨胀应变和渗流水压力应变三个部分组成：

$$\frac{\Delta V_S}{V_{S0}} = \varepsilon_T + \varepsilon_{pl} + \varepsilon_{hs} \qquad (6\text{-}9)$$

（1）热膨胀应变

煤样在无应力的条件下温度由 T_0 上升到 T 时，煤样会发生膨胀变形，根据各向同性假设，其线性热膨胀应变为：

$$\varepsilon_T = \frac{\beta_T}{3}\Delta T = \frac{\beta_T}{3}(T - T_0) \qquad (6\text{-}10)$$

式中 β_T——煤体骨架热膨胀系数，1/K。

（2）水压力所引起的应变

煤样在充水过程中，因孔隙压力的作用会引起煤样发生压缩应变，根据假设煤样各向同性的条件，应变沿各个方向都是相同的，同时也不会引起煤样的切应变，因此水压力引起的应变为：

$$\varepsilon_{pl} = \frac{\Delta p}{K} = \frac{p - p_0}{K} \qquad (6\text{-}11)$$

式中 p——水压，MPa；

p_0——初始压力，MPa。

（3）吸湿膨胀引起的应变

煤样中富含黏土矿物,黏土矿物具有吸水膨胀的性质,所以根据煤样中黏土矿物的含量的多少会影响煤样的吸湿膨胀系数:

$$\varepsilon_{hs} = \beta_h (C_{mo} - C_{mo,ref})$$ (6-12)

式中　　β_h——吸湿膨胀系数,m^3/kg;

　　　　C_{mo}——水浓度,mol/L;

　　　　$C_{mo,ref}$——应变参考浓度,mol/L。

由式(6-8)~式(6-12)可得孔隙率演化模型:

$$\varphi = 1 - \frac{1 - K_0}{1 + \varepsilon_v}\left[1 - \frac{\Delta p}{K} + \frac{\beta_T}{3}\Delta T + \beta_h(C_{mo} - C_{mo,ref})\right]$$ (6-13)

6.1.4.2　渗透率演化模型

在前人大量的研究基础上发现,多孔介质和孔隙率之间服从 Kozeny-Carman 方程[9],所以其渗透率表达式如下:

$$\frac{k}{k_0} = \left(\frac{\varphi}{\varphi_0}\right)^3 = \left\{\frac{1}{\varphi_0} - \frac{1 - \varphi_0}{(1 + \varepsilon_v)/\varphi_0}\left[1 - \frac{\Delta p}{K} + \frac{\beta_T}{3}\Delta T + \beta_h(C_{mo} - C_{mo,ref})\right]\right\}^3$$

(6-14)

6.2　验证模型正确性

6.2.1　实验设备及实验样品

6.2.1.1　实验设备

山东科技大学自适应多场多相耦合试验仪,是一种能够实现岩石和混凝土等质地材料的温度-流体-力学-声学-化学等多场耦合试验的精密设备。由控制系统、三轴压力室、轴压系统、围压系统、渗流系统和温度系统六个部分及专用高精度传感器(位移,压力,温度)组成,能准确模拟非常规能源储层的层理特点,达到精确分离控制实验条件,准确测量各个指标参数,并符合腐蚀环境的相关试验要求[10]。通过自适应多场多相耦合试验仪对煤样进行测试来验证模拟模型的正确性。控制环向应力,渗流上游水压 2 MPa,下游水压 0.5 MPa,轴向以应变方式加载,速率 0.002 mm/min。

6.2.1.2　实验样品

煤样取自地处太行地区的山西省晋中市和顺县境内的天池煤矿,煤样中含有黏土、白云石、赤铁矿和高岭石等影响力学性能和渗透性的矿物成分。实验样品为直径 50 mm、高度 100 mm 的标准原煤煤样。为了消除煤样端面的端部效应,控制煤样的表面平整度误差在 0.02 mm。

6.2.2　渗流实验测试结果分析

如图 6-3 所示,分别展示了轴向应力与渗透率和轴向应变与轴向应力的关

（a）自适应多场多相耦合试验仪实物图

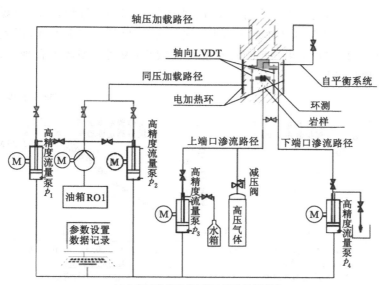

（b）自适应多场多相耦合试验仪原理图

图 6-1　自适应多场多相耦合试验仪

（a）煤样侧面   （b）煤样端面

图 6-2　原煤试样示意图

系。三角点线图为通过常规三轴渗流实验测得的数据，当增加轴向应力到最大屈服应力 30.78 MPa 时，煤样的渗透率减少到最小值 1.75×10^{-15} m²。继续以轴向应变的方式加压，当煤样达到最大破坏应力 32.97 MPa 时，煤样破坏，渗透率以直线方式上升，此时煤样内部已经出现大量贯穿裂隙；圆点线图为使用数值模拟计算的结果，通过对比发现模拟计算与实验测试有相同的规律，不同的是某些特征值有些差异。模拟计算的最大屈服应力为 30.18 MPa，煤样最小渗透率为 1.73×10^{-15} m²，与实验测试结果相比误差为 1.21%。继续加压，当煤样模拟计算得到的最大破坏应力 32.26 MPa，误差为 2.11%。综上所述，误差在可以接受的范围内，实验结果与模拟结果吻合度较高，说明模型较为合理，可以进行下一步的模拟计算。

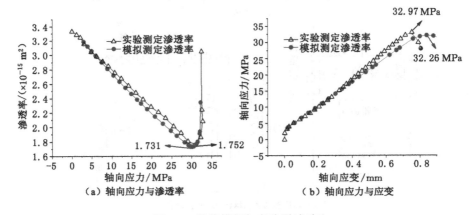

（a）轴向应力与渗透率   （b）轴向应力与应变

图 6-3　数值模拟与实验测试对比

6.3　数　值　模　拟

6.3.1　几何模型

通过多物理场耦合模拟软件 COMSOL Multiphysics 对三轴渗流实验进行模拟分析。COMSOL Multiphysics 的工作原理是基于有限元数值分析的仿真计算,在工程和科学研究各个领域都具有广泛的应用,通过结构力学和达西定律等模块来对研究内容进行模拟[11]。

有限元数值模拟模型的几何尺寸参照实验的标准件模型,高度为 100 mm,直径为 50 mm(为了提高计算效率,降低计算成本,在 COMSOL Multiphysics 采用二维轴对称模型高 100 mm,直径为 25 mm)。从模型上顶边施加轴向应力,轴向应力以应变方式加载(0.02 mm/min),侧面施加围压,模型底面为固定约束。

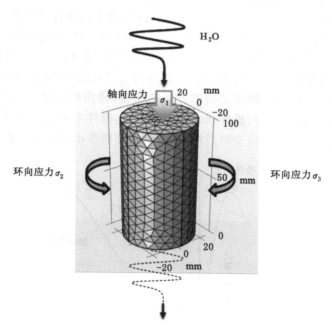

图 6-4　三维几何模型及边界条件

结合煤样的实际情况和实验室对煤样的参数的测定,表 6-1 列出了涉及有限元数值模拟所需要的参数。

表 6-1　数值模拟参数

参数名称	数值	参数名称	数值
初始孔隙率 K_0	0.04	煤体骨架热膨胀系数	2.4×10^{-5} K^{-1}
初始渗透率 κ_0	3.3×10^{-15} m^2	煤体骨架吸湿膨胀系数 ε_{hs}	8.89×10^{-5} m^3/kg
煤骨架弹性模量 E	2 410 MPa	内聚力 C	4.89 MPa
煤的泊松比 ν	0.32	摩擦角 φ	32.2°
煤的体积模量 K_s	870 MPa	煤体密度 ρ	1 470 kg/m^3
Biot-Willis 系数	0.7	煤体温度 T	298.3 K

6.3.2　应力状态下煤样的变形特征

　　煤是一种在受到轴向应力和环向应力作用下极易产生形变的多孔介质,如图 6-5 所示,在受到轴向应力时,煤样产生破坏可以分为三个阶段,压密弹性阶段Ⅰ、屈服塑性阶段Ⅱ和破坏残余强度阶段Ⅲ。加载初期为在压密弹性阶段Ⅰ,煤骨架力学性质较为稳定,煤体骨架间的孔隙受力逐渐闭合产生轴向形变,侧向膨胀变形量很小,煤样产生压缩形变,主应力差和轴向应变呈现出一维线性关系,直至轴向应力达到煤样的屈服应力;屈服塑性阶段Ⅱ,应力应变曲线变得复杂,煤样由原来的弹性变形过渡为塑性变形,其力学性质产生了质的变化,煤骨架致密结构被破坏,煤样所承受的压力增幅变缓,径向应变量增幅加快,直至轴向应力到达最大破坏应力;破坏残余强度阶段Ⅲ,煤样主应力下降后保持一个相对稳定的残余强度,径向应变剧烈增加,体积快速膨胀出现明显的扩容现象。

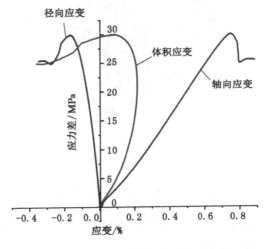

图 6-5　煤样主应力差与轴向应变曲线

如图 6-6 所示,增加轴向应力的过程中,煤样轴向表现为压缩变形,径向变形为膨胀变形。假设煤样为各向同性的多孔介质,煤样破坏从中心开始逐渐向

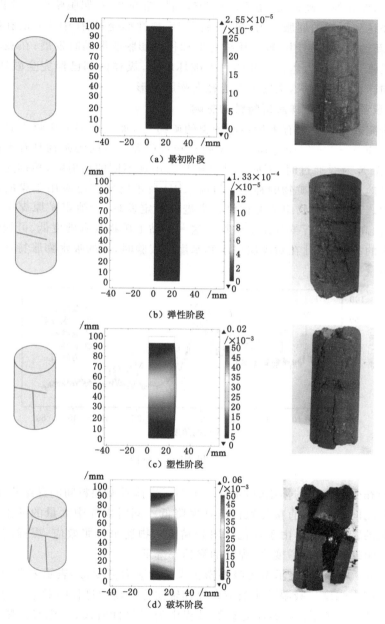

（a）最初阶段

（b）弹性阶段

（c）塑性阶段

（d）破坏阶段

图 6-6　不同轴向应力状态下煤样变形状态

两端延伸,最后煤样完全破坏形成大小不一的碎块,整体呈现"鼓肚状",模拟结果与实验结果相似。在压密弹性阶段Ⅰ,由于环向应力的束缚和煤样的孔隙特性,煤体内部孔隙逐渐密实,主要表现为轴向压缩变形;在屈服塑性阶段Ⅱ,轴向应力已经达到煤样的屈服应力,煤样内部产生塑性形变,煤样中原有的孔隙结构被破坏,新的孔-裂隙产生,轴向压缩变形和径向膨胀变形同时发展;在破坏残余强度阶段Ⅲ,轴向应力达到煤样的最大破坏应力,煤样内部已经完全破坏,此时煤样轴向已无支撑作用,主要表现为径向膨胀变形。

6.3.3 吸湿膨胀对煤样渗透特性的影响

据研究表明煤中含有大量不同种类的矿物[12],而在众多的矿物中黏土矿物的含量占 60%～80%,如:高岭石、蒙脱石和石英等。不同的矿物具有不同的晶体结构,在 X 射线通过时,不同的结晶矿物会出现不同的衍射峰,根据这个原理可以轻松地检测煤中矿物的种类。目前 XRD 技术已经广泛应用于煤的矿物组成研究中。通过对矿物组成的材料种类进行测定发现,天池煤矿原煤中主要含有蒙脱石、高岭石和石英等无机矿物。这一类黏土矿物具有硬度低、可塑性强和遇水膨胀的特性,因此在对煤层注水和水渗流实验时,煤的吸水膨胀特性对实验结果具有重要的影响。

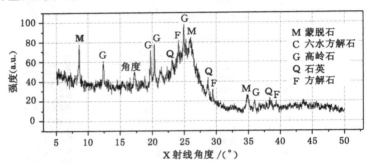

图 6-7 原煤 XRD 分析图

煤样在受到水化的作用时,水分子削弱了煤体骨架颗粒间的黏结作用,使得煤体颗粒之间较分散,直接导致抗压强度降低。同时煤样中大量的黏土矿物有遇水膨胀的特性,因此,由于水化作用和黏土矿物遇水膨胀效应,煤样内部的渗流通道被阻塞,渗流通道变窄,煤样的渗透率降低。

如图 6-8 所示,σ_{11} 表示考虑吸湿膨胀煤样的应力强度,σ_{12} 表示未考虑吸湿膨胀煤样的应力强度。吸湿膨胀效应在煤样轴向应变增加过程中对主应力差的影响不同。从点 A 到点 B,煤样受载的过程中处于弹性阶段,考虑吸湿膨胀和未考虑吸湿膨胀之间的差值最大,吸湿膨胀对主应力差的影响最为明显。这是因为此阶段,煤体骨架没有被破坏,黏土矿物吸水膨胀强度降低导致此阶段两应力差值最大;从点 B 到点 C 煤样的塑性阶段,煤样内部产生破坏,其承载能力逐渐降低,吸湿膨胀效应对煤样应力强度的影响越来越小,所以应力差下降;点 C 之后,煤样破坏,承载能力下降,保持残余强度,此阶段吸湿膨胀对应力强度的影响最小。

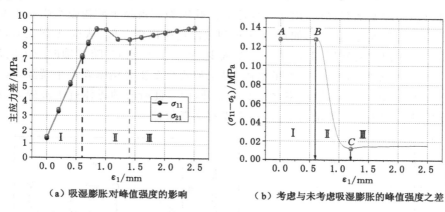

（a）吸湿膨胀对峰值强度的影响　　　　（b）考虑与未考虑吸湿膨胀的峰值强度之差

图 6-8　煤样吸湿膨胀对煤样峰值强度的影响

如图 6-9（a）所示:δ_1 表示考虑吸湿膨胀煤样的塑性应变量,δ_2 表示未考虑煤样吸湿膨胀的应变量,两者差异明显。如图 6-9（b）所示,考虑和未考虑吸湿膨胀对煤样塑性变形明显可以分为三个阶段;从点 A 到点 B,这个阶段为弹性变形阶段,没有塑性应变差;从点 B 到点 C,在轴向应力的作用下开始产生塑性应变,煤样内部开始不断产生新的孔隙裂隙,黏土矿物吸湿膨胀在新产生的孔隙裂隙中充分发挥作用,此阶段的塑性应变差呈上升趋势;当轴向应变大于点 B,此阶段煤样已经全部破坏,黏土矿物完成吸湿膨胀,部分新生成的孔隙裂隙被堵

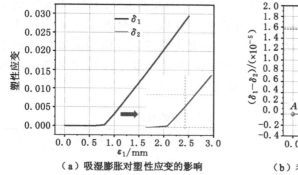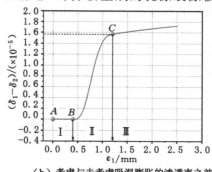

（a）吸湿膨胀对塑性应变的影响　　　　（b）考虑与未考虑吸湿膨胀的渗透率之差

图 6-9　煤样吸湿膨胀对煤样塑性应变的影响

塞,塑性应变差由上升趋于平缓。

如图 6-10(a)所示:κ_1 表示考虑吸湿膨胀的渗透率变化情况,κ_2 表示未考虑吸湿膨胀的渗透率变化情况。图中曲线趋势大致相同,渗透率随煤样塑性应变的增加先下降后上升,但是端点值有所不同,因为煤样吸湿膨胀的作用,黏土矿物膨胀阻碍渗流通道,在相同的情况下,渗透率下降得更低;如图 6-10(b)所示:在进行轴向应变加载之前,由于煤样原有的孔隙裂隙被黏土矿物吸水膨胀阻塞,煤样原有的渗流通道变窄,如点 A 所示初始渗透率出现差值;从点 A 到点 B,煤样受到挤压但没有破坏,其渗透率之差减少;从点 B 到点 C,随着轴向应力的增加,煤样产生塑性形变,产生新的裂隙,黏土矿物吸湿膨胀堵塞新产生裂隙,渗透率之差上升;越过点 C,渗透率之差继续上升,但是此阶段的煤体过于破碎,水在煤样中的流动失去了渗流特征,渗透率没有参考价值。

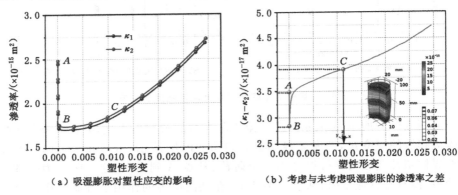

图 6-10　煤样吸湿膨胀对煤样渗透率的影响

如表 6-2 所列,黏土矿物的物理特性对煤样的峰值强度、塑性应变和渗透率都有不同程度的影响。煤样的峰值强度在吸水膨胀后从 9.192 MPa 降到了9.155 MPa,考虑吸水膨胀比未考虑吸水膨胀的峰值强度降低了 0.4%;由于水的黏结作用,在考虑吸湿膨胀比未考虑吸湿膨胀的煤样塑性应变增加 6%,由于黏土矿物的膨胀使得渗流通道变窄,煤样受载后的最小渗透率从 2.091×10^{-15} m² 降低到了 2.050×10^{-15} m²,渗透率降低了 1.96%。

表 6-2　吸湿膨胀对煤样特征值的对比

类别	峰值强度/MPa	塑性应变	渗透率/($\times 10^{-15}$ m²)
未考虑吸湿膨胀	9.192	0.029 31	2.091
考虑吸湿膨胀	9.155	0.029 48	2.050

6.3.4　不同围压下煤样的渗透特性

如图 6-11 所示,在不同围压和不同吸湿膨胀系数下,煤样的渗透率随应力变化趋势大致相同,呈现出深"V"字形特征。在轴向应力逐渐增加的过程中,煤骨架受力变形,由煤骨架支撑作用形成的孔隙裂隙逐渐闭合,煤样中渗流通道变窄,渗透率降低。继续增加轴压,煤骨架发生破坏,孤立的孔隙联合在一起,裂隙开始延伸,煤样的渗透率由下降转变为上升。跨过破坏应力,煤样的渗透率以指数式增长,裂隙开始逐步转变为裂缝,煤样在渗流过程中的非达西效应增加,水在煤样中失去渗流特性。

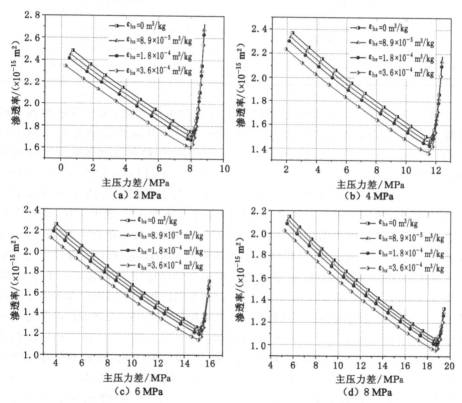

图 6-11　不同围压下的应力应变曲线和渗透率

煤样的初始渗透率和渗透率拐点等均有所不同。在同一吸湿膨胀系数下,围压从 2 MPa 到 10 MPa 的模拟计算发现,随着围压的提高,由于围压对煤样的挤压作用,煤样的初始渗透率与围压成反比,围压越大,煤样的初始渗透率越小;另外,由于围压对煤样侧壁的支撑和束缚作用,煤样受载后所达到的最小渗透率随围压的增加而降低,同时围压越大,煤样在达到最小渗透率时的应力强度越大。在同一围压下,吸湿膨胀系数从 8.9×10^{-5} m³/kg 变化到 3.6×10^{-4} m³/kg 的模拟计算中发现,随着吸湿膨胀系数的增加,煤样的最小渗透率越来越小,同时达到最小渗透率的应力强度逐渐降低。

表 6-3　不同围压对煤样特征值的影响

围压/MPa	2	4	6	9	10
渗透率拐点的强度/MPa	7.997 47	11.570 23	15.159 00	18.747 55	22.316 90
$\varepsilon_{hs}=8.9\times10^{-5}$ m³/kg 时 煤样的最小渗透率/($\times10^{-15}$ m²)	1.709 32	1.457 05	1.230 65	1.028 81	0.850 09
$\varepsilon_{hs}=3.6\times10^{-4}$ m³/kg 时 煤样的最小渗透率/($\times10^{-15}$ m²)	1.604 68	1.362 52	1.145 71	0.953 05	0.783 27
最小渗透率之差/($\times10^{-15}$ m²)	0.104 64	0.094 54	0.084 94	0.075 76	0.066 83

如表 6-3 所列,围压越大,由于围压的支撑和束缚作用,煤样渗透率拐点的峰值强度越大,但是煤样渗透率变化是轴压和围压共同作用的结果。围压由 2 MPa 增加到 10 MPa 的过程中,煤样渗透率拐点的峰值强度较前一个分别增加了 44.67%、31.01%、23.67% 和 19.03% 整体呈下降趋势,如图 6-12(a) 所示。

如图 6-12(b) 所示,煤样在不同吸湿膨胀系数下的最小渗透率与围压呈反比,围压越大,渗透率越小。这里可以从两点进行分析:(1) 增大围压,煤样在径向上受到的挤压作用越明显,煤样中的渗流通道变窄,最小渗透率越低,围压与渗透率呈现反比例函数关系,煤样最小渗透率降低幅度越小;(2) 煤样中黏土矿物含量增加,吸湿膨胀系数增加,由于黏土矿物的物理特性,在同样应力条件下,煤样的渗透率越小。但是如图 6-12(c) 所示,通过不同围压和不同吸湿膨胀系数下的最小渗透率之差发现,在围压增加的过程中,吸湿膨胀对煤样渗透率的降低作用越来越不明显,对比在吸湿膨胀系数为 8.9×10^{-5} m³/kg 和 3.6×10^{-4} m³/kg 的情况下不同围压对最小渗透率的影响发现:当围压为 2 MPa 时,煤样的最小渗透率由 $1.709\ 32\times10^{-15}$ m² 降低到 $1.604\ 68\times10^{-15}$ m²,降低了 $0.104\ 64\times10^{-15}$ m²;当围压为 4 MPa 时,煤样的最小渗透率由 $1.457\ 05\times10^{-15}$ m² 降低到 $1.362\ 52\times10^{-15}$ m²,降低了 $0.094\ 54\times10^{-15}$ m²;当围压为 6 MPa 时,煤样的最小渗透率由 $1.457\ 05\times10^{-15}$ m² 降低到 $1.362\ 52\times10^{-15}$ m²,降低了 $0.084\ 94\times10^{-15}$ m²;当围压为 8 MPa 时,煤样的最小渗透率由 $1.028\ 81\times10^{-15}$ m² 降低到 $0.953\ 05\times10^{-15}$ m²,降低了 $0.075\ 76\times10^{-15}$ m²;当围压为 10 MPa 时,煤样的最小渗透率由 $0.850\ 09\times10^{-15}$ m² 降低到 $0.783\ 27\times10^{-15}$ m²,降低了 $0.066\ 83\times10^{-15}$ m²。由此说明,在持续增加围压后,围压对渗透率变化的影响远大于因吸湿膨胀系数

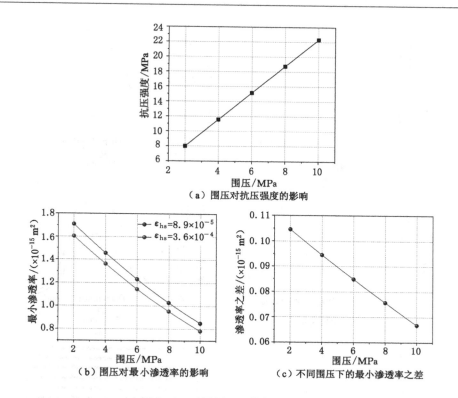

图 6-12　不同围压下煤样的特征值

而改变对煤样渗透率的影响。

如图 6-13 所示,表示围压、吸湿膨胀和轴向应力对煤样轴向方向(0~100 mm)上各点渗透率的影响。从图 6-13(a)到图 6-13(e)分别表示各个阶段煤样渗透率的变化特征,围压越大,煤样的渗透率变化趋势越平缓;相反,围压越小,煤样渗透率变化幅度越大。主要是因为增加围压时,煤样所受的径向束缚也越大,煤样裂隙的闭合程度也越高,所以煤样的渗透率变化趋势不及围压较低时明显,围压越大,煤样的渗透率变化也趋于平缓。

由图 6-13 可见,渗透率变化幅度呈现出中心高、两端面低的现象。煤样的两端面是固定端,同时也是煤样的承压端和受力端,因此越接近煤样底部和顶部,煤样的孔隙和裂隙闭合程度越高,其渗透率越低。随着轴向应力的增加,煤样的塑性破坏首先从煤样内部产生,逐渐向两端延伸,表现出煤样内部已经完全破坏的现象,此时在低围压条件下煤样的内部渗透率比初始渗透率增加 20 倍,据此可以判断,在轴向应力加载的过程中,煤样内部的孔隙扩展为宏观贯穿裂隙并进一步发展为裂缝,煤样内部已经失去渗流特性;然而在对比吸湿膨胀在煤样

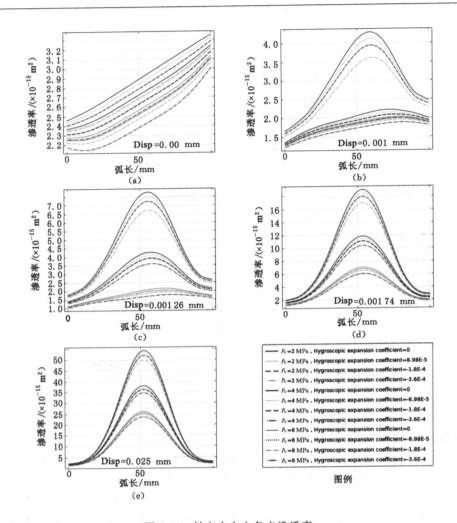

图 6-13　轴向方向上各点渗透率

轴向方向上的影响时发现,在煤样内部吸湿膨胀影响反应更为强烈,煤样内部已经发展破坏产生裂缝,黏土矿物吸水膨胀有充分的发展空间,所以在此处吸湿膨胀对煤样渗透率影响最大。

6.4　本章小结

本章在多孔介质有效应力中引入吸湿膨胀产生的膨胀应力,并进一步推导得到了考虑吸湿膨胀的煤体渗透率动态演化模型。利用推导出的液固耦合模型对标准件煤样进行研究,考察其在不同围压和不同吸湿膨胀系数下,煤样渗透特性演化规律。通过对吸湿膨胀的研究丰富了脉动水力压裂过程煤体渗透性研究的理论和方法,对脉动水力压裂技术开发及瓦斯抽采具有重要的实践意义。得到以下结论:

(1) 通过三轴渗流模拟,发现煤样在受到轴向应力发生破坏大致分为三个阶段。压密弹性阶段(Ⅰ),屈服塑性阶段(Ⅱ)和破坏残余强度阶段(Ⅲ)。结果表明,煤样塑性形变开始发生在煤样中心处,逐渐向两侧边界延伸,直至煤样内部完全发生破坏,最后煤样的变形主要表现为径向膨胀。

(2) 由于黏土矿物硬度低,塑性强和遇水膨胀的特性,加入吸湿膨胀影响的模拟结果显示煤样的峰值强度比未考虑吸湿膨胀的降低了 0.4%,塑性应变增加 6%,渗透率降低了 1.96%,因此在煤样的渗流实验考虑吸水膨胀具有重要的意义。

(3) 通过不同围压和不同吸湿膨胀系数对煤样渗透特性综合作用的模拟研究发现,不同围压下,增加轴向应力煤样的渗透率均呈现出深"V"字形的特征,围压越大其渗透率降低数值越小,但是降低的幅度变缓;增加吸湿膨胀系数,因煤样中黏土矿物吸水膨胀后对煤孔隙裂隙的阻塞作用,煤样渗透率减少,但是在轴向应力超过屈服应力后,因吸湿膨胀对煤样渗透率产生影响的表现越来越不明显,主要表现为应力对渗透率的影响,在较高的围压下,吸湿膨胀对煤样渗透率降低也越来越不明显。

参 考 文 献

[1] 宋宏磊. 顾桥矿底抽巷条带预抽水力压裂强化增透技术研究[D]. 淮南:安徽理工大学,2018.

[2] 梅绪东. 煤矿井下水力压裂封孔材料及封孔长度优化[D]. 重庆:重庆大学,2015.

[3] ZHANG Y J, ZOU Q L, GUO L D. Air-leakage model and sealing technique with sealing-isolation integration for gas-drainage boreholes in coal mines[J]. Process safety and environmental protection,2020,140:258-272.

[4] WANG H, WANG E Y, LI Z H, et al. Study on sealing effect of pre-drainage gas borehole in coal seam based on air-gas mixed flow coupling model[J]. Process safety and environmental protection,2020,136:15-27.

[5] ZHANG K, SUN K, YU B Y, et al. Determination of sealing depth of in-seam boreholes for seam gas drainage based on drilling process of a drifter

[J]. Engineering Geology,2016,210:115-123.

[6] 李敏.煤矿聚氨酯封孔的实验研究[D].北京:中国地质大学(北京),2011.

[7] NI G H,DONG K,LI S,et al. Development and performance testing of the new sealing material for gas drainage drilling in coal mine[J]. Powder technology,2020,363:152-160.

[8] JIANG L H,XUE X,ZHANG W D,et al. The investigation of factors affecting the water impermeability of inorganic sodium silicate-based concrete sealers[J]. Construction and building materials,2015,93:729-736.

[9] ZHENG K L,YANG X H,CHEN R,et al. Application of a capillary crystalline material to enhance cement grout for sealing tunnel leakage[J]. Construction and building materials,2019,214:497-505.

[10] 周俊,黄慎江.高性能混凝土自收缩问题的研究[J].安徽水利水电职业技术学院学报,2010,10(4):34-37.

[11] 王晓莹.早龄期高性能约束砂浆环开裂机制数值模拟[D].重庆:重庆大学,2015.

[12] 胡福增,张群安.聚合物及其复合材料的表界面[M].北京:中国轻工业出版社,2001:102-107.

第 7 章　高压钻孔密封失效机制与增效方法

为了提高瓦斯抽采效率,减少煤矿灾害,提高生产效益,学者们提出了包括脉动水力压裂在内的煤层卸压增透技术,如水力切割、水力爆破、水力压裂等方法。但不论是增透技术还是施工技术都绕不开钻孔的密封,其已成为影响我国瓦斯抽采的核心问题之一。决定钻孔密封效果好坏的关键取决于两个方面:首先是材料性能,需致密紧凑,能够阻挡气体流通,应具有一定强度,遭到应力作用时不会轻易产生形变以及破碎;其次材料需要具有一定的流动性和黏结性,渗透密封裂隙,紧贴煤壁。

7.1　钻孔密封原理

密封技术涉及多门力学学科的知识,并在几乎所有领域得到广泛应用[1]。钻孔密封最理想的状态是将钻孔周围存在的所有漏气通道封堵,当抽采泵产生抽采负压时,气体只在管道内流动。钻孔密封原理分析时可以借鉴机械领域的流体密封技术,前人对该部分内容已经做了较为细致的研究,下文将以此为基础做进一步分析。钻孔密封技术本质上就是一种避免钻孔内外生成循环回路的一门技术,密封材料、钻孔、瓦斯以及外部空气等同于流体密封中的密封件、密封腔、内部流体与外界环境。

使用钻孔密封材料对钻孔进行封堵的技术属于流体密封四种密封类型(静密封、微动密封、动密封、动密封转变成静密封)中的微动密封。瓦斯抽采要持续很长时间,这个过程中钻孔周围的应力变化必然会对密封材料产生影响,导致钻孔发生变形,影响密封材料的密封效果,这便要求密封材料能够消除或者减弱应力作用带来的负面影响,在抽采过程中起到支护作用,能够将钻孔密封住,减少气体流通。

密封介质通常以扩散、渗透和穿透的形式与外界产生交集,瓦斯气体主要通过前两种形式泄漏。密封材料性能不理想时,材料便不能与孔壁紧密结合,接触面之间就会形成通道,巷道中的空气通过通道进入钻孔,由于裂隙密封不佳,导致不能长时间高效抽采,影响瓦斯抽采效率。所以密封材料应该能够和孔壁进行严密的结合,渗入孔壁的裂隙里进行封堵,拥有一定的抗压能力防止自身变形甚至破碎。

7.2 钻孔周围裂隙分布状态研究

7.2.1 巷道周围煤体泄压破坏范围分析

巷道形成时,由于外力的作用,煤层内部应力动态平衡状态改变,煤体结构遭到破坏,发生屈服变形,巷道两帮出现高应力区域,并向内部煤体传播,直到该区域的应力再次达到基本动态平衡状态,受影响的区域便是巷道卸压带,卸压带的破碎半径在 10~15 m 之间。

煤的应力应变可以分为五个阶段[2-3]:第一阶段为原生裂隙压实阶段,在这个阶段由于压力作用本身存在的裂隙合拢,裂隙消失,新的裂隙没有出现,渗透性降低;第二阶段为弹性变形阶段,在这个阶段开始出现新的裂隙,渗透性不会发生太大变化,达到弹性极限;第三阶段为塑性变形阶段,在这个阶段煤样中出现新的破裂,缓慢且稳定的传播,裂隙大量出现,渗透性变大;第四阶段为破坏阶段,在这个阶段煤样的破碎速度加快,渗透能力快速增大;第五阶段为破坏发展阶段,在这个阶段煤样继续发生破裂,裂隙生成,渗透能力继续增大。

巷道破碎过程中煤体的应力变化趋势基本符合其应力应变曲线,最终形成卸压区、应力集中区(弹性变形区和塑性变形区)和原始应力区三个区域[4],卸压区与应力集中区的范围宽度大概为 2~8 m 和 8~20 m。破碎带与塑形变形区的煤体破坏程度极大,因此存在大量裂隙,构成瓦斯运移通道。三个区域的特点如下:

(1)卸压区

该区域的宽度一般为 2~5 m,主要受煤质以及所挖巷道的直径影响,巷道直径越小,煤质越硬,卸压区向周围煤岩深部蔓延的距离越近。该区域是巷道挖掘过程中受扰动最大的区域,因此存在的裂隙最多,煤体强度最低,由于瓦斯大量涌出,所以该区域的瓦斯压力不高。

(2)集中应力区

该区域又细分为弹性变形区与塑性变形区,前者区域煤体已经发生变形,处于压缩状态,部分裂隙在应力作用下闭合,同时又有少量新裂隙生成,所以渗透性并不高。后者区域已发生不可逆的塑性破坏,大量裂隙生成且相互贯通,因此

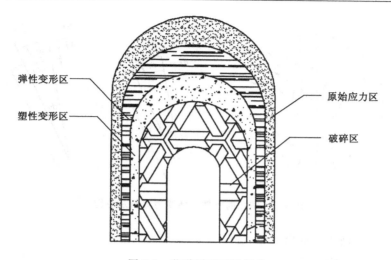

图 7-1　巷道周围区域划分

渗透性增大。

（3）原始应力区

该区域由于远离受力区域，所以受到的影响较小，没有新裂隙生成，仍然处于原始状态。

7.2.2　钻孔周围煤体卸压破坏范围分析

自然界物质如煤体本身便具有非均质、非连续、非完全弹性及各向异性，它并不能简单的设定稳定的边界，然后运用力学分析方法计算钻孔周围某一点的应力变化趋势，但为了方便计算，只能对煤体做一定的条件假设，以便于对该区域进行应力应变分析。

（1）煤体具有各向同性、连续性、均质性、完全弹性；

（2）钻孔截面光滑，形状为圆柱形，形成的钻孔没有位移或变形产生。

（3）由于钻孔长度远大于钻孔直径，所以在计算过程中不考虑钻孔直径产生的影响。

在该模型基础上进行计算，建立平面坐标函数，不考虑轴线方向上应力分量和位移分量的改变，建立极坐标，对平面圆孔应变问题进行分析[5]。其受力如图 7-2 所示，建立平衡方程：

$$(\sigma_r + \mathrm{d}\sigma_r)(r + \mathrm{d}r)\mathrm{d}\theta - \sigma_r r \mathrm{d}\theta - 2\sigma_t \mathrm{d}r \sin\frac{\mathrm{d}\theta}{2} = 0 \qquad (7\text{-}1)$$

其中　　r——微单元的半径，m；

　　　　σ_r——切向应力，N；

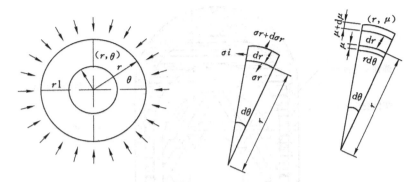

图 7-2　钻孔周围微元体受力分析示意图

θ ——微单元的坐标角,($^\circ$);

σ_t ——径向应力,N。

由于 $\mathrm{d}\theta$ 趋近于零,公式简化为:

$$\sigma_r - \sigma_t + r\frac{\mathrm{d}\theta}{\mathrm{d}r} = 0 \tag{7-2}$$

建立钻孔微形变函数关系:

$$\begin{cases} \xi_r = \dfrac{(\mu + \mathrm{d}\mu) - \mu}{\mathrm{d}r} = \dfrac{\mathrm{d}\mu}{\mathrm{d}r} \\[3mm] \xi_t = \dfrac{(r + \mu)\mathrm{d}\theta - r\mathrm{d}\theta}{r\mathrm{d}\theta} = \dfrac{\mu}{r} \end{cases} \tag{7-3}$$

$$\frac{\mathrm{d}\xi_1}{\mathrm{d}r} = \frac{1}{r}\frac{\mathrm{d}\mu}{\mathrm{d}r} - \frac{\mu}{r^2} = \frac{1}{r}\left(\frac{\mathrm{d}\mu}{\mathrm{d}r} - \frac{\mu}{r}\right) = \frac{1}{r}(\xi_r - \xi_t) \tag{7-4}$$

由广义胡克定律可知:

$$\begin{cases} \xi_t = \dfrac{1}{E}[\sigma_t - \mu(\sigma_r + \sigma_z)] \\[3mm] \xi_r = \dfrac{1}{E}[\sigma_r - \mu(\sigma_t + \sigma_z)] \end{cases} \tag{7-5}$$

得:

$$\frac{\mathrm{d}\sigma_t}{\mathrm{d}r} - \mu\frac{\mathrm{d}\sigma_t}{\mathrm{d}r} = \frac{1+\mu}{r}(\sigma_r + \sigma_t) \tag{7-6}$$

将式(7-2)和式(7-5)联立,当原始应力为 $q = \gamma H$,得 σ_r 与 σ_t 的表达式:

$$\begin{cases} \sigma_r = \gamma H\left(1 - \dfrac{r_1^2}{r^2}\right) \\[3mm] \sigma_t = \gamma H\left(1 - \dfrac{r_1^2}{r^2}\right) \end{cases} \tag{7-7}$$

式中　r_1——钻孔半径，m；

随着 r 增大，径向应力逐渐增大，最终由 $\sigma_r = 0$ 趋近于原始应力；同样，随着 r 的增大，切向应力逐渐变小，最终由 $\sigma_t = 2q$ 趋近于原始应力。

从现实角度出发，当应力变化低于 5% 时，可以认为钻孔造成的影响已经可以忽略不计。当 $r = 5r_1$ 时，$\sigma_r = 0.96q$，$\sigma_t = 1.04q$，此时应力变化已经小于 5%，所以认为钻孔造成的影响范围为 $r = 5r_1$。

煤体塑性破坏应该满足连续条件、塑性条件和平衡微分方程，运用莫尔强度理论，得其塑性条件：

$$\sigma_t - \sigma_r = 2(C - C\tan\varphi + \sigma_r)\frac{\sin\varphi}{1 - \sin\varphi} \tag{7-8}$$

得破碎区半径 R_s、塑性区半径 R：

$$\begin{cases} R = r_1\left[\dfrac{(q + c\cot\varphi)(1 - \sin\varphi)}{C\cos\varphi}\right]^{\frac{1 - \sin\varphi}{2\sin\varphi}} \\ R_s = r_1\left[\dfrac{(q + c\cot\varphi)(1 - \sin\varphi)}{C\cos\varphi(1 + \sin\varphi)}\right]^{\frac{1 - \sin\varphi}{2\sin\varphi}} \end{cases} \tag{7-9}$$

式中　c——内聚力，MPa；

φ——内摩擦角，(°)。

原始应力 q 与覆岩层重力密度 γ、煤层赋存深度 H 相关，乘以修正系数 k 最后得到 $q = k\gamma H$。其中，覆岩层重力密度 $\gamma = 25$ kN/m³，赋存深度 $H = 550$ m，修正系数 $k = 1.25$，计算得 $q = 17.18$ MPa，$c = 2.0$ MPa，$\varphi = 17°$。

最后将得到的参数代入公式（7-9），得到塑形区的半径 R_s 是钻孔半径 r_1 的 3.33 倍，破碎区半径 R_s 是钻孔半径 r_1 的 2.45 倍。当钻孔孔径为 94 mm 时，钻孔周围塑性区的直径大约为 0.32 m，其破碎区的直径大概为 0.23 m。

根据公式可得，钻孔孔径与破碎区、塑性区的范围呈负相关，但为了煤层卸压，往往会采用较大孔径钻杆钻孔。钻孔破碎区、塑性区与巷道松动圈相比范围较小，煤体卸压主要是巷道掘进造成的。

7.3　抽采钻孔漏气分析

瓦斯抽采的理想状态是使获取的瓦斯浓度接近 100%，但在实际生产中，随着瓦斯抽采时间的增加，钻孔内部有限的游离瓦斯逐渐减少，此时在负压的作用下，抽采煤体必然会通过裂隙与巷道或其他采空区连接，外界空气涌入，导致瓦斯抽采浓度不可避免地降低，目前的密封工艺还无法做到完全密封，只能尽量减少外界气体进入，其主要原因是封孔材料的性能不足，渗透密封性能差[6]。

巷道掘进过程中产生的大范围破碎带和塑性破坏区是气体流通的主要区域,由于煤体严重破坏,该区域充分卸压,生成的裂隙构成瓦斯运移通道,产生循环回路,导致外界空气参与到瓦斯抽采进程中,影响瓦斯抽采;钻孔作业也会形成类似巷道破坏带的区域,影响瓦斯抽采;除此之外密封材料自身存在裂隙或者与钻孔壁、裂隙壁结合不紧密,也会形成气流通道。将钻孔周围的破碎带分为耦合裂隙带、巷道裂隙带、钻孔裂隙带以及材料裂隙带,巷道裂隙带与钻孔裂隙带交叉的位置为耦合裂隙带。下文将对巷道卸压带漏气、钻孔破碎区漏气以及密封材料漏气做详细分析。钻孔周围的区域划分如图 7-3 所示。

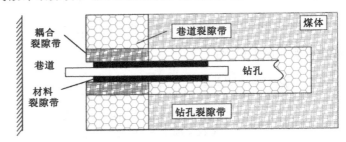

图 7-3　钻孔周边裂隙带划分

7.3.1　巷道卸压带漏气

巷道掘进时,巷道两侧 2～5 m 为卸压区,具体范围主要受煤质以及所挖巷道的直径影响,巷道直径越小,煤质越硬,卸压区向周围煤岩深部蔓延的距离就越近。该区域是巷道挖掘过程中受扰动最大的区域,因此存在的裂隙最多,煤体强度最低,由于瓦斯大量涌出,所以该区域的瓦斯压力不高。在钻孔过程中,该区域会受到二次破坏,导致受损程度加剧,最后在地下各种应力的相互作用下,裂隙持续发育贯通,形成气流循环回路。瓦斯抽采过程中,随着瓦斯浓度下降,外界气体在负压作用下涌入,导致区域内的气流循环通道扩大,外界气体涌入量进一步增加,使抽出气体的瓦斯浓度越来越低,且由于气流循环回路的扩大,钻孔内的抽采负压最终会降低。所以,钻孔密封必须重点考虑巷道泄压带的范围,进行有效的密封。图 7-4 为巷道卸压带漏气通道示意图。

7.3.2　钻孔破碎区漏气

钻孔作业前,施工前半段的煤体由于巷道掘进的原因已经产生屈服变形,形成巷道卸压区、塑性变形区以及弹性变形区。作业时,该区域在应力作用下产生二次破坏,煤体由三向受力转变为二向或是单向受力,处于弹性变化的煤体产生塑形破坏,卸压区与塑性区煤体裂隙扩展,裂隙成熟发育,大量的气流运移通道生成,形成耦合裂隙带。耦合裂隙带也是钻孔密封过程中最需要重视的区域,该

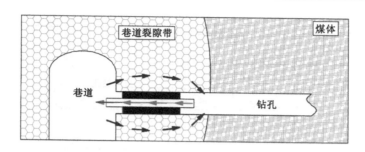

图 7-4　巷道卸压带漏气通道示意图

区域密封效果是评价钻孔密封好坏的重要指标。钻孔施工后半段穿过的煤体为原始煤体,基本没有受到巷道施工的影响,但仍然会形成 0.23 m 的破坏区和 0.32 m 的塑形应力区,产生裂隙通道。在抽采负压的作用下裂隙通道与外界构成瓦斯运移通道,影响瓦斯抽采效果,其气体运气通道如图 7-5 所示。

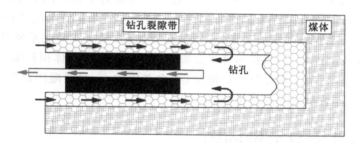

图 7-5　钻孔破碎区漏气通道示意图

7.3.3　密封材料漏气

想要保持长时间高效率、高浓度的瓦斯抽采,必须使用性能优越的钻孔密封材料严密填充钻孔封孔段,确保材料与钻孔壁之间紧密黏合,没有间隙存在。材料需要具有一定的强度抵御外界应力的作用,为钻孔提供支护,增加钻孔抗干扰能力,防止钻孔壁发生形变,致使大量新生裂隙生成,影响瓦斯抽采。图 7-6 为钻孔密封材料工作时产生的气流循环回路示意图。

封孔材料导致抽采系统中气流循环回路生成的原因主要有两个:一方面是封孔材料自身存在连通裂隙,致密性差;另一方面是密封材料不能与钻孔壁、裂隙壁紧密结合,煤体与材料接触面之间存在间隙。

（1）材料内部气流通道

注入钻孔的密封材料在凝固过程中是否会由于自身反应生成裂隙,其本身致密性是否优越,是否会因为抽采过程中的应力作用产生破损,均会影响到瓦斯

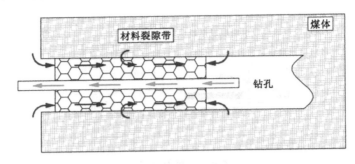

图 7-6 密封材料漏气示意图

抽采的效率。贯通裂隙生成,瓦斯运移通道产生,外界气体进入钻孔,导致钻孔密封失败。

(2)接触面间隙通道

密封材料不能与煤体紧密粘连到一起是钻孔密封中存在的棘手问题,这个问题在水泥砂浆封孔过程中显得尤为突出。该问题主要是由水泥砂浆的自收缩效应导致的。密封材料凝固初期,其与钻孔壁、裂隙壁之间尚能紧密粘连,但随后由于水化反应的进行,材料内部水分减少,材料变得干燥,体积收缩下降,导致间隙生成。其次,为了增加材料的流动性,水灰比偏大,材料凝固过程中水分挥发流失,最终导致材料体积减小,产生间隙。

7.4 钻孔密封关键问题

根据以上归纳总结的三类钻孔漏气通道,提出具体解决方法,指出瓦斯抽采过程中需要注意的重点,避免因封孔技术不到位或者是密封材料性能不足导致气流循环回路出现,影响瓦斯抽采效率和浓度。

7.4.1 巷道卸压带漏气通道

耦合裂隙带是裂隙发育最成熟的区域,解决这一区域存在的问题的关键便是选择合理的封孔位置和封孔长度,尽量减少这一区域带来的不利影响。进行封孔时,封孔的长度应该比巷道卸压带和塑性变形区的范围要长一些,使巷道卸压带和塑性变形区的漏气方式转变为扩散漏气,大幅度增加瓦斯气体通过的难度,提高瓦斯抽采效率。除此之外还可以选择巷道喷涂的方式避免气流循环回路出现,但该方法成本过高,不适合大范围推广。

7.4.2 钻孔破碎区漏气通道

巷道卸压区、塑性变形区与钻孔破碎带、钻孔卸压区连接,其内部的裂隙相互贯穿,构成复杂庞大的裂隙网络。合适的封孔位置和封孔长度是为了避免气体从横向延伸的巷道破坏区域进出,除此之外需要将密封材料的密封范围扩大到整个钻孔裂隙区,避免气体流经钻孔裂隙网络进入巷道裂隙网络最终外界沟通。其主要方法就是选择特殊的封孔技术将钻孔密封材料导入需要封孔的区域,封堵裂隙;或者是选择流动性强的密封材料,在外界高压的作用渗入裂隙,阻断整个裂隙网络。

7.4.3　材料裂隙带漏气通道

封孔材料自身性能不能满足封孔需求或者是封孔工艺落后不能合理地使用封孔材料都会导致封孔材料出现漏气通道,所以在进行钻孔密封时应该选择合适密封材料合理使用。

密封材料自身如果发生收缩现象,非但不会对钻孔周围裂隙进行封堵,材料与孔壁之间还会出现间隙,气体便可以通过间隙进行流通,所以选择的密封材料必须有膨胀能力。密封材料在凝固过程中因为自身水分的蒸发散失体积也会发生收缩,进行密封材料的制作时应该适当减少水分的添加。

密封材料自身应该有足够的致密性,材料内部没有或者存在极少量的裂隙,防止气体通过材料流通。如聚氨酯类钻孔密封材料,膨胀性能极佳,但孔隙丰富,致密性差,很难单独用于钻孔密封。密封材料也应该有一定的抗压能力,避免在瓦斯抽采中因为其他活动的影响发生破坏,形成裂隙通道,降低瓦斯抽采的效率。

在钻孔密封中钻孔密封材料的研发是重中之重,在钻孔密封材料的研发中应将视线投放到材料的膨胀性、致密性、抗压能力、抗变形能力以及与孔壁结合能力等方面。

7.5　钻孔密封材料增效方法

添加适量的膨胀剂是解决水泥体积收缩的重要方法之一,膨胀物质与水泥水化产物反应生成其他物质,引发材料膨胀,补偿因水分流失造成的体积缩减,防止塑性收缩生成裂纹与裂隙。从 20 世纪开始,我国混凝土工程中就已经开始使用膨胀剂,随着其运用要求和指导方法的完善,越来越多的领域和工程开始尝试使用膨胀技术并取得了很好的效果,越来越多的科研人员尝试对膨胀剂进行改性,以研制适用于不同状况的性能优越的膨胀剂。例如,朱涵等[7]使用聚丙烯纤维复合膨胀剂,改善混凝土收缩和开裂的问题,同时增加混凝土的强度,增加其在工程应用的可行性。周霄等[8]使用氧化钙-硫铝酸钙复合膨胀剂对 C80 钢管混凝土进行改性,优化材料孔径和孔隙结构。戴雨晴[9]使用活性氧化镁膨胀剂赋予混凝土自愈合能力,防止材料内部出现裂隙,增强混凝土的使用效果和使用寿命。

矿用钻孔密封材料需要具有较强的膨胀性能,但直接添加膨胀剂会对密封材料的强度造成负面影响,所以考虑对膨胀剂进行处理,运用微胶囊技术,制作微胶囊延迟膨胀剂,达到想要的效果。

7.5.1 微胶囊膨胀剂的制取

7.5.1.1 膨胀剂的选取

我国约四成的混凝土中添加有外加剂,膨胀剂属于其中的一种。外加剂可以改变混凝土材料的性能,帮助其适应不同的施工环境,提高材料耐久性。膨胀剂主要用来增强材料的防渗抗裂性能,在交通、建筑、地底施工中应用的较为广泛[10-11]。作为借鉴,密封材料的改性过程中加入膨胀剂,使密封材料具有一定的膨胀性能,消除体积缩减,提高抗渗性能,为密封材料提供额外的动力,帮助密封材料渗透封堵钻孔周围的裂隙,阻碍材料内部气体渗漏,以达到钻孔密封的要求。水泥基材料中膨胀剂添加剂分为三类,根据其化学反应与膨胀原理分为:

(1)硫铝酸钙类膨胀剂

硫铝酸钙类膨胀剂应用最为广泛,其反应生成钙矾石,导致材料体积膨胀[12]。材料体积膨胀主要发生在水泥水化初期,一周以后体积达到最大值。该类膨胀剂可以由石膏与高铝熟料混合制造,二者的比例、煅烧工艺、煅烧时间不同,其产生的膨胀效果也会有所改变。硫铝酸钙类膨胀剂中含有 $CaSO_4 \cdot 2H_2O$、CA 和 CA_2,其参与反应的化学方程式如下所示:

$$3CA + 3CaSO_4 \cdot 2H_2O + 32H_2O \longrightarrow C_3A_3 \cdot 32H_2O + 2(Al_2O_3 \cdot 3H_2O)$$
$$3CA_2 + 3CaSO_4 \cdot 2H_2O + 41H_2O \longrightarrow C_3A_3 \cdot 32H_2O + 5(Al_2O_3 \cdot 3H_2O)$$

(2)石灰类膨胀剂

该类膨胀剂由石灰和硬脂酸研磨制作而成,反应产物为氢氧化钙,膨胀性能主要与物质转移和孔隙体积增大有关[13]。煅烧与研磨使氧化钙颗粒的体积减小,比表面积增大,当与水接触时,反应更加猛烈,生成的氢氧化钙不能及时转移,逐渐堆积在膨胀剂周围,最后新物质冲出,使材料的体积在宏观上明显增大。并且生成的产物氢氧化钙体积大于反应物,产物体积大约是氧化钙的两倍,氢氧化钙在氧化钙颗粒周围堆积,达到体积膨胀的效果。但石灰类膨胀剂缺点也很明显,由于容易与水产生反应,所以对环境湿度和温度敏感,保存难度大,生产后需要在短时间内使用,而且该类膨胀剂的膨胀性能较弱。

(3)金属粉末类膨胀剂

铁粉与铝粉是使用最为广泛的金属粉末类膨胀剂,早在 20 世纪,欧洲一些国家已将其作为膨胀剂添加到混凝土工程中。前者主要与氧化剂、催化剂混合使用,通过反应生成气体和氢氧化铁产生膨胀效果,主要用于硬化混凝土接缝

中,反应表达式如下所示:

$$Fe+RX_2+H_2O \longrightarrow FeX_2+R(OH)_2+H_2$$
$$FeX_2+R(OH)_2+H_2 \longrightarrow Fe(OH)_2+RX_2$$

式中　RX——催化剂。

铝粉作为混凝土添加剂具有极强膨胀性能,其与水泥水化产物中的 OH^- 反应生成氢气,反应剧烈,膨胀效果明显,在很多生产领域得到应用。铝粉参与反应的化学表达式如下所示:

$$SiO_2^{2-}+H_2O \Longrightarrow HSiO_3^-+OH^-$$
$$2Al+2OH^-+2H_2O \Longrightarrow 2AlO_2^-+3H_2$$

由于铝粉体积小、比表面积大且所处环境中有大量 OH^- 存在,所以膨胀效果好,广受青睐,但也因此,该类膨胀剂在使用中往往很难控制。

考虑到井下实际施工条件,从经济实惠、方便实用和膨胀效果明显方面考虑,最终选择铝粉膨胀剂作为微胶囊的芯材。

7.5.1.2　用于膨胀剂的微胶囊壁材

根据芯材物质的特性、微胶囊使用的环境以及想要达到的理想效果,壁材的选择往往有所不同,在制作微胶囊时要保证选择的壁材不会与包裹物发生反应,生成其他物质;壁材稳定性强,微胶囊不会轻易受到环境影响,产生破损;同时需要壁材物质成膜性好、操作方便、价格便宜适合大范围推广。目前壁材物质主要分为天然材料(纤维素、脂质、蛋白质以及多糖)、半合成材料(衍生物:甲基纤维素等)以及合成材料(可降解合成材料与非降解合成材料)三大类,常用壁材如表 7-1 所列。

表 7-1　微胶囊壁材常用材料

类　　型		材　　料
天然	蛋白质	明胶、阿拉伯胶、白蛋白、纤维蛋白等
	脂质	石蜡、卵磷脂、蜂蜡等
	多糖	海藻酸盐、壳聚糖、β-环糊精、淀粉等
	纤维素类	羧甲基纤维素盐、乙基纤维素、邻苯二甲酸纤维素
半合成	衍生物	甲基纤维素、羟丙基甲基纤维素、酸醋酸纤维素等
合成	可降解性	聚氨基酸、聚乙烯、聚乙二醇、聚酯等
	非降解性	聚苯乙酸、聚乙烯醇、聚甲基丙烯酸树脂、树脂等

目前微胶囊在医药和食品领域应用最为广泛,壁材不同微胶囊的性能往往也会不同。医药中,目前天然材料如明胶、石蜡、蜂蜡应用较多,合成材料如聚乙

烯醇、树脂类壁材应用的比较广泛;食品领域主要是选择无毒可食用的壁材,多为天然类材料,以纤维素类和蛋白质类为主。其他领域微胶囊应用也很常见,如陈玉星等[14]研制 LDH-热膨胀微胶囊,将其应用于 EVA 复合材料的制作中;赵文政等[15]使用微胶囊研制裂隙自愈合沥青混料,并将其应用于高速公路建设中;于伟东等[16]将微胶囊技术应用到纺织品印花中。这些尝试给生产施工带来客观的收益。本次实验选择聚乙烯醇作为延迟膨胀剂的壁材。

聚乙烯醇(PVA-1788)的化学式为 $[C_2H_4O]_n$,为白色固体应用于黏合剂、胶水等物质制造中[17]。现如今,聚乙烯醇壁材被广泛应用于微胶囊制作中。例如,张家涛等[18]以聚乙烯醇(PVA)为涂膜,提高材料的保鲜功能,有利于水产品长时间贮藏,避免品质下降,为后续产品开发提供了技术支持。丁艳然等[19]以聚乙烯醇为壁材,包裹老鹳草水提取物,提高老鹳草水提取物的热稳定性,避免材料受热分解。董玉玮等[20]以聚乙烯醇、海藻酸钠等物质为壁材,运用微胶囊固化技术将汉逊德巴利酵母包裹,制作新型微生物微胶囊,验证了该技术的可行性。李炜等[21]以聚乙烯醇为复合膜,以桉叶精油和微胶囊为包裹物制作新型材料,通过实验对抗菌复合膜进行测试,找出最佳合成方法。图 7-7 为聚乙烯醇和它的分子式。

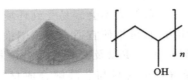

图 7-7 聚乙烯醇与其分子式

7.5.1.3 微胶囊化技术

微胶囊技术是指把高分子化合物作为外壳包裹物质,进而形成微小容器的技术,微胶囊直径小的在几微米到几千微米之间,其中被包围的物质为芯材,用来包裹的物质叫作壁材[22-23]。

进行壁材选择时,根据需求选择一种或几种合适的材料用于微胶囊制作。微胶囊的形状多样,球形偏多,表面光滑或粗糙[24]。微胶囊在制作过程中壁材会将芯材紧密包裹,所以微胶囊的形象很大程度上取决于芯材的形象。微胶囊技术具有极强的功能性和实用性,因此逐渐在工程中使用,其功能主要有以下几点:

(1)对芯材进行保护,避免芯材受到温度、湿度、酸碱度以及其他物质的影响。

(2)对含有毒素的芯材进行包裹,避免芯材泄露对环境造成破坏,对人体造成损伤。

（3）应用范围更广，对某些具有不良特性的活性组分进行包裹，比如限制一些令人产生难受感觉的气味的扩散。

（4）防止芯材与外界物体进行传递物质和能量。

（5）控制芯材的释放，保证其在一定条件下释放。

基于以上优点，考虑铝粉微胶囊化。使用聚乙烯醇将铝粉包裹，延缓其接触水泥水化产物的时间，使铝粉逐渐参与反应，避免高速反应带来的不良效果。而且，控制铝粉释放的时间还能避免膨胀能浪费，使膨胀剂在材料具有一定强度后参与反应，减弱膨胀能对材料强度的影响。

微胶囊技术已经出现 80 多年，制作方法更是多达两百多种，主要有物理法、化学法以及物理化学法，这些方法主要是通过制作条件和囊壁形成机理为依据进行划分的。根据悬浮介质可以将微胶囊分为两类。一类是在水溶液介质中的微胶囊化，壁材主要是蛋白质，特别是明胶。芯材是不溶于水的液体（调味品、芳香油等）和固体，大多数不溶于水的有机化合物也可以使用这种方法[25]。另一种是在有机溶剂中的微胶囊化，一般是用改性的纤维素做壁材，只能用来包裹固体，并且这种固体不能溶于有机溶剂，有机物或者是药理学活性物质一般是使用这种方法。主要制备方法如图 7-8 所示。

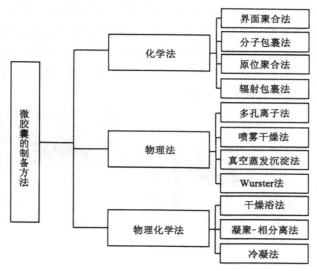

图 7-8 微胶囊制备方法

7.5.1.4 实验方法及制备技术路线

本章节实验所用原料如表 7-2 所列。

表 7-2　实验原料一览表

材料	纯度	生产厂家
聚乙烯醇-1788	分析纯	天津市亚泰联合化工有限公司
铝粉	分析纯	上海展云化工有限公司

在本章节实验中所用到的设备如表 7-3 所列。

表 7-3　实验器材一览表

仪器	型号、规格
分析天平	量程 200 g,精准度 0.000 1 g
粉磨机	800Y
分散搅拌器	78-1 磁力搅拌器
恒温水浴锅	HWS-12/24
真空干燥箱	DZF6020B

　　微胶囊制作前首先需要确定壁材的浓度,由于个体性质不同,同一种壁材针对不同芯材的适宜成膜浓度也会不同,因此首先将聚乙烯醇的浓度设置为 2%、4%、8% 和 15% 四组,图 7-9 为不同浓度聚乙烯醇的水溶液。壁材不会允许芯材从中穿过,但外部的低分子量液体可以进入微胶囊内部,壁材与芯材之间存在着水凝胶物质,水分子在渗透压作用下进入胶囊,当压力达到壁材的承受上限时,胶囊就会发生破裂,内部的芯材全部释放。因此可以通过观察微胶囊释放的时间来判断聚乙烯醇包裹效果的好坏。

图 7-9　不同浓度的聚乙烯醇水溶液

实验结果如表 7-4 所列。实验结果表明当聚乙烯醇的浓度为 2％和 4％时，浓度过低，成膜难度增大，当聚乙烯醇的浓度为 15％时，水溶液的浓度过大，铝粉不容易均匀地分散在聚乙烯醇溶液中，而 8％浓度的水溶液成膜效果高于其他三组。因此最后选择 8％浓度的聚乙烯醇溶液用于微胶囊制作。

表 7-4　聚乙烯醇基材配比结果

浓度	稠度	颜色	包裹效果
2％	很稀	无色	包裹率低
4％	较稀	无色	包裹率中
8％	适中	微白	包裹率高
15％	浓稠	微白	包裹率高

按照上文中确定的适合本实验的特定浓度的聚乙烯醇溶液，包裹铝粉膨胀剂，制作微胶囊。将聚乙烯醇置于蒸馏水中，使用搅拌机搅拌至完全溶解，配制浓度为 8％，待聚乙烯醇溶解后加入铝粉膨胀剂，搅拌至其均匀分散。继续搅拌，直到材料凝固，将得到微胶囊放入真空干燥箱中，在 30 ℃温度下干燥 48 h。将干燥好的微胶囊膨胀剂置于粉磨机中，筛选 180 目以上的粉末用于实验。具体流程如图 7-10 所示。

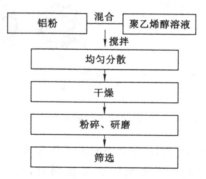

图 7-10　微胶囊制备流程图

7.5.2　微胶囊膨胀剂性能测试

使用 Le Chatelier 橡胶带法测试材料的膨胀率[26]。将搅拌均匀的密封材料通过漏斗快速导入橡胶皮球内，然后将其放入量筒内部，读取液面高度，随后每隔一段时间观察量筒内水面高度的变化情况，记录液面高度，直到材料体积膨胀结束，得到某时刻膨胀率 K 为：

$$K = \frac{S_t - S_0}{V_0} \tag{7-10}$$

式中　S_t——各时刻量筒液面高度读数；

　　　S_0——初始时刻量筒液面高度刻度；

　　　V_0——水泥浆初始体积。

铝粉含量与材料膨胀率之间关系如图 7-11 所示。水灰比为 0.45 的水泥凝固后体积减小 1.52%，添加膨胀剂后，材料的体积增加。膨胀剂添加少时，材料体积膨胀倍数与膨胀剂量呈线性关系。超出 0.08% 后，材料膨胀曲线增速减缓。当膨胀剂为 0.15% 时，材料膨胀率达到最大，之后随着膨胀剂的增多材料的膨胀率反而降低。这是因为少量的膨胀剂生成的 H_2 能均匀分散到水泥浆液中，而随着膨胀剂的增多，生成的气体开始从浆液中逸出，体积膨胀与膨胀剂含量之间不再呈线性关系。当膨胀剂添加量超过 0.15%，生成的气体将浆液内部连接贯通，气体不能稳定的分散在水泥浆液中，材料结构遭到破坏，膨胀率反而会因为膨胀剂的增加而变小。

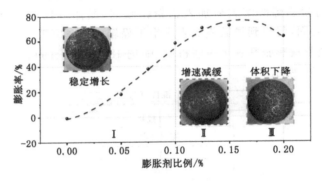

图 7-11　膨胀剂比例与膨胀率之间关系

表 7-5 延迟膨胀剂（壁芯比为 0.6）对材料体积的影响，其中，延迟膨胀剂的占比以芯材含量为准。膨胀剂添加量相同时，延迟膨胀材料的体积小于普通膨胀材料，膨胀率分别下降 0.46%、0.44%、0.89%、0.91% 和 1.34%，平均下降幅度为 17.31%。膨胀时间延后，水泥基材料开始凝固，铝粉反应生成的氢气向外扩散的阻力大，改变材料结构的难度增加，材料不易产生膨胀，导致两种膨胀剂造成体积膨胀不同。膨胀剂过早膨胀，密封材料仍处于流体状态，强度低，此时产生的膨胀能迫使密封材料发生流动，造成膨胀能损失。

表 7-5　两种材料体积变化对比

膨胀剂含量/%	密封材料体积变化量/%	
	普通膨胀材料	延迟膨胀材料
0.005	1.08	0.62
0.01	2.26	1.82
0.015	4.78	3.89
0.02	6.68	5.78
0.025	8.48	7.14

图 7-12 为不同的壁芯比对材料体积变化的影响,膨胀率与微胶囊的壁芯比呈负相关,壁芯比增大,聚乙烯醇对膨胀剂的抑制效果增加,水分子进入微胶囊内部的速率降低,膨胀剂释放的难度变大。材料膨胀时间延后,材料的结构不容易遭到破坏。四种微胶囊的膨胀效果与铝粉相比减弱幅度分别为 16.79%、28.49%、36.61%、44.15%。

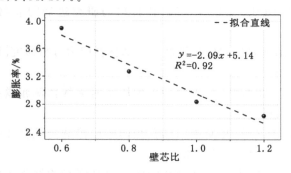

图 7-12　不同的壁芯比对材料体积变化的影响

7.6　本 章 小 结

（1）钻孔密封属于流体密封,瓦斯抽采过程中,钻孔周围的应力变化会对密封材料产生破坏,导致钻孔发生变形,影响密封材料的密封效果,因此密封材料需要消除或者减弱应力带来的负面影响,在抽采过程中起到支护作用,同时与钻孔壁面紧密黏结,渗入煤体裂隙,减少气体流通。

（2）根据裂隙分布的地点将裂隙分为巷道泄压带漏气通道、钻孔段漏气通道以及密封材料漏气通道。巷道形成时,受影响的区域为巷道卸压带、塑性变形区和弹性变形区,破碎半径在 10～15 m 之间;钻孔破碎区与巷道卸压区的重合处为耦合裂隙带,是密封时最需要注意的区域。

(3)通过概述硫铝酸钙类膨胀剂、石灰类膨胀剂、金属粉末类膨胀剂三类常用混凝土膨胀剂的工作原理,对其作用效果、作用范围进行分析,通过对比不同膨胀剂优缺点,选择铝粉作为微胶囊的芯材。

(4)实验确定聚乙烯醇最适宜的成膜浓度为8%,制作0.6、0.8、1.0和1.2壁芯比的微胶囊膨胀剂,使用Le Chatelier橡胶带法测试材料的膨胀率,对比普通膨胀剂与延迟膨胀剂的区别,分析两种膨胀剂对材料体积的影响。

参 考 文 献

[1] 姚伟.金属橡胶密封件失效模型及性能退化研究[D].哈尔滨:哈尔滨工业大学,2017.

[2] 石海涛.斯抽采钻孔稠化膨胀浆体封堵技术研究及应用[D].徐州:中国矿业大学,2017.

[3] 王辉,王庆平,闵凡飞,等.注浆封孔材料的研究进展[J].材料导报,2013(13):103-106.

[4] 周润瑶.基于细观力学的掺膨胀剂水泥基材料应力分析研究[D].南京:南京理工大学,2013.

[5] 尹永明,姜福兴,朱权洁.掘进面冲击地压实时无线监测预警技术[J].煤矿安全,2014(3):88-91.

[6] 杨磊,朱昱辰,李义敬.瓦斯抽采钻孔径向膨胀渗透封孔技术研究[J].煤炭科学技术,2013,41(10):60-63.

[7] 朱涵,杨建涛,于泳.聚丙烯纤维和膨胀剂对高强轻质混凝土收缩和抗开裂性能的影响[J].硅酸盐通报,2015,34(12):3617-3621.

[8] 周霄,郭凯,李修坤,等.膨胀剂在高石粉机制砂C80钢管混凝土中的应用研究[J].建材世界,2017,38(5):63-67,72.

[9] 戴雨晴.活性氧化镁膨胀剂对应变硬化水泥基复合材料裂缝自愈合的影响[D].青岛:青岛理工大学,2019.

[10] 宋家平.浅谈水利工程施工存在的问题及解决方法[J].科技创新与应用,2013(18):178.

[11] 贺行洋,刘月亮,曾三海,等.防水混凝土设计原则及配制技术途径[J].新型建筑材料,2008,35(9):59-61.

[12] 冯涛."两堵一注"钻孔封孔工艺参数研究[D].阜新:辽宁工程技术大学,2017.

[13] 宋延经,郭并宝,金四清,等.糠醇糠醛型呋喃树脂的合成与胶泥的应用[J].化学建材,2005,21(4):39-40,48.

[14] 陈玉星,王天浩,黎晓杰,等.LDH-热膨胀微胶囊的合成及发泡 EVA 复合材料的综合性能[J].材料导报,2021,35(4):194-199.

[15] 赵文政,徐衍亮,张苏龙,等.基于微胶囊的沥青混合料裂缝自愈合性能试验研究[J].工程技术研究,2020,5(24):13-14.

[16] 于伟东,殷允杰,王潮霞.微胶囊技术在纺织品印花中的应用[J].纺织导报,2020(11):30-34.

[17] 尹增.聚乙烯醇聚合工段和回收工段精馏工艺模拟与优化[D].上海:华东理工大学,2017.

[18] 张家涛,张璇,魏旭青,等.茶多酚微胶囊/溶菌酶-聚乙烯醇复合涂膜对美国红鱼鱼片的保鲜性能[J].食品工业科技,2020,41(8):273-278,284.

[19] 丁艳然,王瑞,李孟轩,等.老鹳草-聚乙烯醇药用微胶囊的制备及研究[J].化工新型材料,2018,46(10):267-270.

[20] 董玉玮,刁咸斌,王陶,等.聚乙烯醇和海藻酸钠联合固定化汉逊德巴利酵母产 3-羟基丙酸的研究[J].湖北农业科学,2017(4):722-726.

[21] 李炜,姚江薇,荆愈涵,等.聚乙烯醇/植物源抗菌剂(桉叶精油)复合膜材料成膜性能研究[J].轻纺工业与技术,2019,48(3):6-9.

[22] 谭睿,申瑾,董文江,等.复合凝聚法制备绿咖啡油微胶囊及其性能[J].食品科学,2020,41(23):144-152.

[23] 揣成智,程远.石蜡微胶囊的制备与应用[J].中北大学学报(自然科学版),2011,32(2):179-182.

[24] 张乐显.可逆热致变色材料的制备及其在防伪领域的应用研究[D].武汉:华中科技大学,2009.

[25] 刘泽博.水泥基复合材料微胶囊自修复技术研究[D].哈尔滨:哈尔滨工业大学,2020.

[26] 李鹏,苗苗,马晓杰.膨胀剂对补偿收缩混凝土性能影响的研究进展[J].硅酸盐通报,2016,35(1):167-173.

第8章　基于延迟膨胀剂的高压钻孔密封材料研发

本章进一步讨论延迟膨胀剂对密封材料性能的影响,与普通膨胀材料进行对比,探究传统密封材料与延迟膨胀材料力学性质、微观孔隙以及物化组构的差异。材料 0# 为传统密封材料;1# 至 5# 为普通膨胀密封材料,其膨胀剂的占比为 0.005%、0.01%、0.015%、0.02% 和 0.025%;1* 至 5* 为延迟膨胀材料,其壁芯比为 0.6,膨胀剂含量与 1# 至 5# 一致;1& 至 4& 为壁芯比不同的延迟膨胀材料,其壁芯比分别为 0.6、0.8、1.0 和 1.2,膨胀剂的比例为 0.015%。

8.1　延迟膨胀对水泥基密封材料力学性能的影响

8.1.1　密封材料力学特性实验

根据国家标准 GB/T 17671—1999,使用水泥搅拌机对材料进行混合。搅拌完成后,将浆液置于 50 mm×100 mm 的圆柱形模具中,2 d 后脱模,然后放置在温度(20±2)℃、相对湿度超过 95% 的标准环境中养护 1 个月,测定试件的长度、直径以及质量用于后续试验。单轴压缩力学实验采用岛津分析检测仪器公司生产的岛津 AGX-250 电子万能试验机,装置加载方式采用位移加载。设备详细实验参数如下,加载速度为 0.05~100 mm/min;最大采样频率为 3 s^{-1};最大载荷容量为 50 kN;轴向位移为 100 mm;载荷精度为 ±0.3%。每种材料进行 3 次检测。图 8-1 为力学实验设备压裂过程以及破坏后的材料形态。

8.1.2　单轴压缩过程密封材料力学损伤结果分析

图 8-2 为普通膨胀密封材料应力-应变图。根据曲线变化将其分为 4 个阶段,其中 OA 段为初始加载阶段,AB 段为弹性阶段,BC 段为失效阶段,C 点之后为破坏阶段[1]。

OA 段,原生的大裂隙在压力的作用下闭合,材料中有少量的新生裂隙诞生。A 点之后,材料进入弹性阶段,材料内部的裂隙开始稳定传播。载荷的增大

图 8-1　力学实验设备

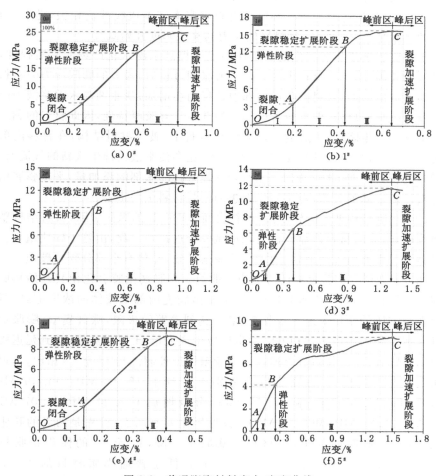

图 8-2　普通膨胀材料应力-应变曲线

导致材料内部裂隙的生成速度和生成数量增加,裂隙生成的位置由材料中间部位向四周部位扩散。该阶段材料的损伤区域增大,但仍未超过材料承受极限。B 点之后材料进入裂隙非稳定传播的阶段,裂隙大量出现。倾斜裂隙与水平裂隙开始出现,材料内部逐渐形成裂隙网络,材料受到的损伤已经影响其整体承载能力。材料在 C 点达到峰值应力,传统密封材料的峰值应力为 25.16 MPa,随着膨胀剂含量的增加,膨胀能与生成的氢气对材料结构的破坏幅度增加,导致材料结构发生改变,峰值应力下降。膨胀剂含量越多,材料峰值应力越低,1# 至 5# 的峰值应力分别为 15.93 MPa、13.41 MPa、11.67 MPa、9.07 MPa 和 8.44 MPa,与 0# 相比分别下降了 36.69%、46.67%、53.60%、63.93% 和 66.86%,而 5 种材料的体积膨胀率分别为 1.08%、2.26%、4.78%、6.68% 和 8.47%,此时峰值应力的衰减幅度与材料膨胀率基本成线性负相关,随后,当膨胀剂的含量超过 0.025%,材料峰值应力的衰减幅度开始减缓。

少量膨胀剂添加所产生的挤压作用能够提高水泥水化产物的密实程度,降低材料的孔隙度,减少材料中的裂隙。膨胀剂过量后,强大的膨胀应力会对材料的微结构造成影响,材料固化后内部裂隙反而会增加;膨胀剂与水泥浆液中的水分以及胶凝材料反应,但反应生成的产物并不具有胶凝特性,因此材料的黏结性与流动性会发生降低;生成的气体分散在材料中,破坏材料结构,在材料内部生成孔洞,降低材料的力学性能;过量的气体,还会使浆液内部生成新的气流通道,使材料的密封性能下降。因此,如何合理地选择膨胀剂的添加量,平衡膨胀倍率与材料性能之间的关系,对于制作理想的密封材料至关重要。

C 点之后材料进入破坏阶段,材料表面出现明显的纵向裂隙,材料结构整体性遭到破坏,此时材料依靠摩擦力和机械咬合连接在一起,由若干碎块组成。之后材料形变主要由碎片滑移、边缘碎片脱落导致,并伴有小部分碎片破损。

图 8-3 为延迟膨胀材料的应力应变曲线。膨胀剂微胶囊化使其开始膨胀的时间具有可控性,与外界水分接触时,由于微胶囊内部凝胶体的浓度更高,所以水分在渗透压的作用下进入微胶囊,最后达到囊壁的极限,涨破囊壁,膨胀剂进入到水泥水化的环境中,与 OH^- 发生反应生成大量 H_2 导致膨胀,达到延迟膨胀的目的,延迟时间的长短可以通过控制囊壁厚度控制。与 1# 至 5# 相比,延迟膨胀密封材料 1* 至 5* 的峰值应力分别上升到了 17.16 MPa、14.49 MPa、12.76 MPa、11.87 MPa 和 10.58 MPa,分别增加了 1.24 MPa、1.07 MPa、1.09 MPa、2.79 MPa 和 2.14 MPa。其原因主要有两点:首先是两者的膨胀率不同,由于膨胀时间的延后,材料的膨胀率下降,1* 至 5* 的体积膨胀只有 0.62%、1.82%、3.89%、5.78% 和 7.34%,低于普通膨胀材料的 1.08%、2.26%、4.78%、6.68% 和 8.47%;其次,微胶囊膨胀剂缓慢释放,密封材料已经

具有了一定的强度,材料结构不容易被破坏,实现膨胀-强度协调发展。

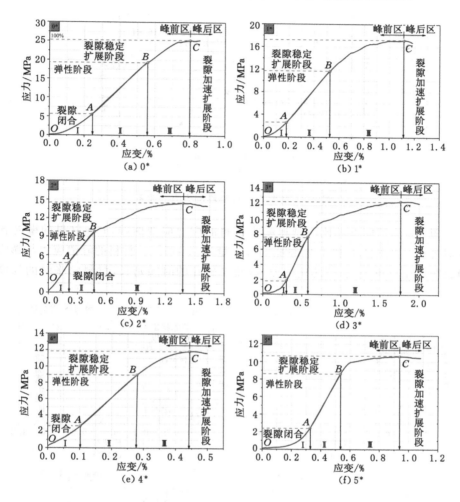

图 8-3　延迟膨胀材料应力应变曲线

由于材料膨胀率不易控制,很难制作膨胀率完全相同的两种材料进行比较。考虑将膨胀率与峰值应力的关系进行拟合,对比两者相同体积变化下峰值应力的变化量。如图 8-4 所示,方形点为普通膨胀材料膨胀率与峰值应力对应点,圆点为微胶囊材料膨胀率与峰值应力对应点,其线性拟合的拟合度均大于 0.9。普通膨胀材料膨胀率与峰值应力拟合曲线的斜率为 0.993 1,大于后者的 0.892 5,即在相同的体积下,微胶囊材料的峰值应力高于普通膨胀材料,材料的峰值应力更大,性能更加优越。

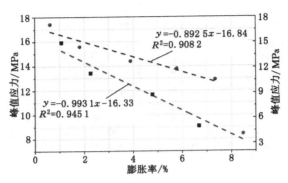

图 8-4 膨胀率与材料峰值应力的关系

　　图 8-5 为不同壁芯比的延迟膨胀材料的应力应变曲线,4 种材料的壁芯比分别为 0.6、0.8、1.0 和 1.2,膨胀剂添加量为 0.015%。材料的峰值应力与膨胀剂的壁芯比成正相关,壁芯比增加,微胶囊破碎的时间延长,材料膨胀时的强度

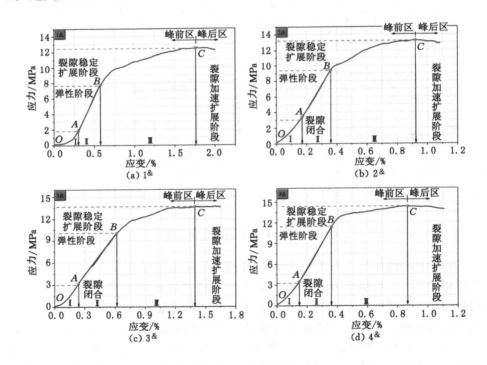

图 8-5 不同壁芯比延迟膨胀材料应力应变曲线

上升,膨胀率也下降,因此材料的峰值应力增加,4 种材料的峰值应力分别为 12.76 MPa、13.26 MPa、13.66 MPa 和 14.37 MPa,与含相同比例普通膨胀剂的材料相比分别增加了 9.34%、12.96%、17.03%和 23.13%。

8.2　延迟膨胀对水泥基密封材料微观孔隙的影响

8.2.1　水泥基密封材料孔隙分类

不同种类的水泥基密封材料的孔径分布规律不同,即使是相同的材料也会因温度、pH 值、养护条件的不同而产生差别,大孔隙的直径有的达到微米级,而小孔隙则只有纳米级。根据孔径长度将孔隙主要分为微孔、小孔、中孔和大孔 4 类[2]。传统水泥基密封材料中小孔和中孔占比较多,随着材料膨胀,大孔所占的比例逐渐提高,而微孔与中孔的比例随之减小,因此不同材料之间性质差别较大。孔径对材料的物理特性、渗流特性都有着极其重要的影响,十进制分类法是现在应用最广泛的孔径分类方法,它将孔隙主要分为大孔、中孔、小孔和微孔 4 种;其中,大孔孔径大于 1 μm,中孔孔径在 0.1~1 μm 之间,小孔孔径在 0.01~0.1 μm 之间,微孔孔径小于 0.01 μm[3]。

综上所述,拟将密封材料结构划分为 3 类:微孔(孔径<0.01 μm),瓦斯吸附赋存的主要场所;中孔(0.01 μm<孔径<0.1 μm),气体扩散和毛细管凝结的重要渠道;大孔(0.1 μm<孔径<100 μm),煤中瓦斯渗流的主要通道。

8.2.2　密封材料孔隙测定方法的选取

密封材料孔隙特征表征主要包括对材料内部孔隙大小、孔隙形态、孔径分布以及通道的连通性。目前,密封材料孔隙的测定方法主要采用压汞法、扫描电镜测试(SEM)、CT 扫描技术和核磁共振技术(NMR),以下是对于 4 种测试方法的描述:

压汞法:其作用机理是利用外部压力将汞注入材料内部孔隙,压汞量与材料中孔径大小以及孔径分布有关,可以获得材料的孔隙大小,还可以对煤储层内部通道、微裂隙的贯通性能进行表征;缺点是对于孔径小于 50 nm 的孔隙以及通道测量结果会存在误差,无法获取材料内部直观的孔隙形态。

扫描电镜测试(SEM):可直观描述材料表面孔隙形态;但无法获得材料内部的孔隙结构特征,且只能定性分析,无法进行定量表征,同时无法对孔径小于 10 nm 的微孔进行分析。

CT 扫描技术:CT 扫描技术自诞生以来就在医学领域广泛应用。近年来,由医学领域扩展,在煤层气领域进行煤储层的微观结构表征方面,CT 扫描技术也开始得到应用。CT 扫描技术可以在不损伤试样的基础上,对试样内部微观孔隙结构进行定性分析,也可以对孔隙大小、数量进行定量表征。唯一的劣势是目前CT扫描技术测量的精度只能达到50 nm。

核磁共振技术(NMR):该技术能够测量孔隙中含氢流体的弛豫特征,反演出弛豫时间T_2分布图谱,达到对材料的孔隙大小、形态以及孔径分布情况进行定量表征的目的[4],首先核磁共振技术可以对全尺寸孔径范围的孔隙进行测量,且在测试过程中不会损伤材料试件。

对比其他实验方法,考虑实验需求,最终选择核磁共振技术对试样进行测试。

8.2.3 密封材料微观孔隙特征实验

通过核磁共振技术测试经过不同处理后的煤样T_2谱和核磁成像。静态实验使用仪器为中国苏州纽迈分析仪器公司生产的MesoMR低场核磁共振分析仪(图8-6),共振频率13.138 MHz,磁体强度0.3 T,线圈直径为60 mm,磁体温度为32 ℃。

图8-6　核磁共振测试系统

实验参数如下,其主磁场强度0.5 ± 0.05 T,主频21.3 MHz,射频功率300 W,磁体均匀度12.0×10^{-6}。T_2谱测试的详细参数如下,SF:21 kHz;TW:1 500 ms;RFD:0.02 ms;SW:333.333 kHz;NECH:1500;TE:0.231 ms;NS:16。根据实验设备制作50 mm×50 mm的圆柱试件,待试件养护结束后测量试件大小以及质量,然后将其放入真空水饱和装置,在-0.1 MPa真空压力下浸水12 h,使用低场核磁共振分析仪进行测试。将材料放入离心机离心运转15 min,测试离心样品的实验数据。实验得到了材料饱和水和离心状态下的T_2曲线、NMR孔隙度、累积孔隙度曲线、T_2截止时间T_{2c}值。

8.2.4 密封材料孔隙度变化特征分析

如图8-7,由于氢核有角动量以及净磁矩,在外部磁场的作用下,流体分子中所含的氢核被磁场极化,此时对密封材料施加一定频率的射频场,就会产生核磁共振现象,这就是核磁共振技术的测试原理。射频场消失后,激发态的氢核与孔隙壁碰撞,产生弛豫运动。氢核能量迅速由高能态转变为低能态,出现与时间有关的指数函数形式的衰减,从而得到不同孔隙结构材料的弛豫时间[5]。弛豫时间是核磁共振实验中最为重要的参数,由流体特征和材料物理性质决定,主要包括为纵向弛豫时间(T_1)与横向弛豫时间(T_2),横向弛豫时间与孔径成正比,实验室中通常用 T_2 表征岩石类物质孔隙中信号的衰减速度。核磁共振技术可以用来研究材料内部孔隙大小和连通性。峰值面积与孔隙体积大小有关,峰值位置与孔径有关,峰的个数与各级孔隙的连续情况有关[6]。

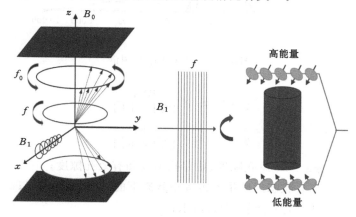

图 8-7　核磁共振工作原理

图 8-8 为密封材料的饱和水 T_2 图谱,密封材料的横向弛豫时间 T_2 在衰减范围内出现了 3 个弛豫峰,衰减常数与孔隙尺寸成正比,将从左到右 3 个弛豫峰分别对应定义为微孔、中孔、大孔或裂隙。T_2 峰的位置与孔径大小相关,面积大小与对应孔的数量相关。结果表明,传统密封材料中主要为微孔与中孔,添加膨胀剂后代表中孔和大孔的弛豫峰明显增强,T_2 振幅增大表示孔隙数目增加,同时横向弛豫时间范围变宽且向右移动,说明产生了较大孔径的孔隙。随着膨胀剂剂量的增加,T_2 峰的形状逐渐变得光滑,具有较好的连续性,这说明膨胀剂破坏了材料结构,加速裂隙的生成,增加孔隙的连通性。添加微胶囊膨胀剂的材料与添加普通膨胀剂的材料相比,在相同体积变化下,代表中孔和大孔的峰的面积、高度均降低,材料的连通性下降。

进一步对材料孔结构进行分析,通过对材料 T_2 图谱进行计算,得到材料的孔隙度。对材料饱和水状态下的 T_2 图谱进行计算,得到试件的总孔隙度。同样的方法对离心状态下的 T_2 图谱计算可以得到残余孔隙度,两者之差即为有效孔隙度。

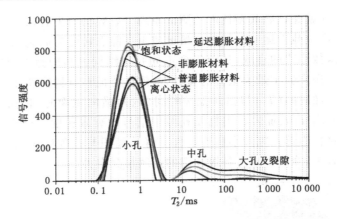

图 8-8　不同材料的 T_2 图谱

$$\varphi_{NB} = \varphi_N \times \frac{BVI}{BVI + FFI} \qquad (8\text{-}1)$$

$$\varphi_{NF} = \varphi_N \times \frac{FFI}{BVI + FFI} \qquad (8\text{-}2)$$

式中　φ_N，φ_{NB}，φ_{NF}——总孔隙度、残存孔隙度和有效孔隙度；

　　　　BVI——离心状态后质量不再减小状态下的 T_2 图谱的面积；

　　　　FFI——自由流体指数，即自由水；

　　　　BVI+FFI——饱和水状态下 T_2 图谱的面积[7]。

　　BVI 与 FFI 分别与束缚水、自由水有关，束缚水对应不容易排干的吸附孔；自由水则对应渗流孔。所以可以用 BVI 与 FFI 来表示试件中吸附孔和渗流孔在总孔隙中所占的比例。

　　如图 8-9 所示，计算得到普通膨胀材料的孔隙度分量及累计孔隙度曲线。0# 为传统密封材料的孔隙度曲线，材料以小孔和中孔为主，代表大孔与裂隙的弛豫峰波动较小，材料的总孔隙度为 3.77%，其中基于自由水计算的渗流孔占比为 37.29%，束缚水对应的互不连通的吸附孔占比为 62.71%。1# 至 5# 为普通膨胀材料，随着膨胀剂的增加，材料致密性下降，孔隙度增加。材料 1# 至 5# 的孔隙度分别为 4.25%、4.21%、4.47%、4.61% 和 4.68%，与 0# 相比增长幅度分别为 12.54%、11.35%、18.25%、22.16% 和 23.79%。膨胀剂不仅会增加材料的总孔隙数量，对材料的孔隙分布也会产生影响，与 0# 相比，材料 1# 至 5# 中代表的大孔与裂隙的弛豫峰出现，体积膨胀越大，弛豫峰越高，材料内部束缚流体空间比例减少，自由流体空间比例增加。1# 至 5# 的吸附孔占比下降到62.68%、52.43%、52.76%、48.73% 和 48.61%，渗流孔占比则上升到 37.32%、

47.57%、47.24%、51.27% 和 51.39%,渗流孔占比与 0# 相比分别增加了 0.01%、10.28%、9.95%、13.98% 和 14.11%,宏观上即材料内部孔隙发育较好,气体通过材料的难度减弱。

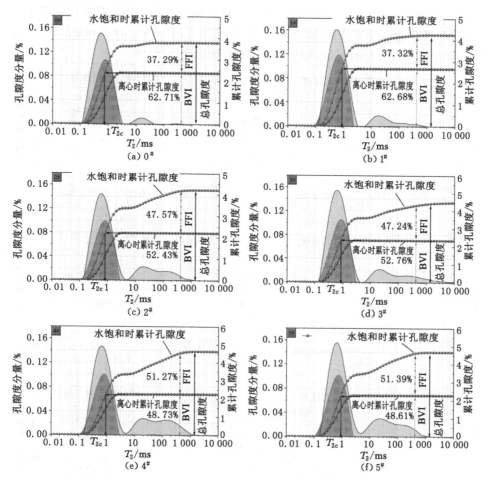

图 8-9　普通膨胀材料孔隙度分量及累计孔隙度曲线

T_2 截止值作为一个弛豫时间阈值,将 T_2 图谱分割成束缚水与自由水两部分,该值反映出孔隙结构中渗流孔和吸附孔的数量分布关系[8],其与吸附孔的数量呈正相关,与渗流孔的数量呈负相关,T_2 截止值的确定方法如图 8-9 所示,该值主要用于计算材料孔隙的分形维数。实验组 1# 至 5# 与实验组 0# 相比 T_2 截止值向坐标轴右侧移动,与上述得到的结论相吻合。

图 8-10 为延迟膨胀密封材料孔隙度分量及累计孔隙度曲线。与普通膨胀材料相比,延迟膨胀材料的致密性增强,孔隙度降低,材料 1* 至 5* 的孔隙度为 4.2%、4.21%、4.42%、4.45% 和 4.56%,相比于普通膨胀材料下降幅度分别为 1.18%、0.04%、1.13%、3.63%、2.41%。材料中渗流孔与吸附孔的比例发生了改变,吸附孔的占比下降到 33.23%、42.74%、46.77%、49.34% 和 51.93%,分别下降了 4.09%、4.83%、0.47%、1.93% 和 0.54%。

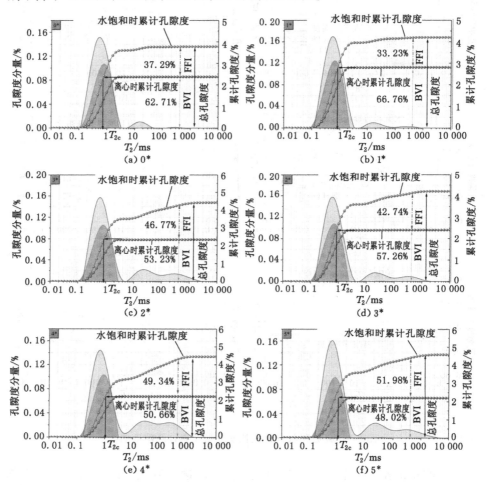

图 8-10 延迟膨胀材料孔隙度分量及累计孔隙度曲线

对二者进行比较,将膨胀率与材料孔隙度关系进行拟合。图 8-11 为材料膨胀率与孔隙度的拟合曲线,方形点为普通膨胀材料的膨胀率与孔隙度对应点,圆

点为微胶囊材料膨胀率与孔隙度对应点,二者线性拟合的拟合度为 0.923 7 和
0.927 1。普通膨胀材料膨胀率与孔隙度拟合曲线的斜率为 0.067,大于后者的
0.056,即前者体积膨胀造成的孔隙度变化幅度要大于后者,在相同的体积下,微
胶囊材料的孔隙度低于普通膨胀材料,材料致密性更好。

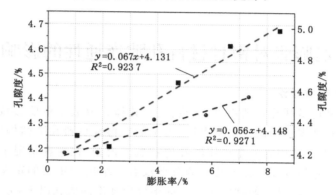

图 8-11　材料膨胀率与孔隙度的拟合曲线

图 8-12 为不同壁芯比的膨胀密封材料孔隙度分量与累计孔隙度曲线,4 种
材料的壁芯比分别为 0.6、0.8、1.0 和 1.2,膨胀剂添加量为 0.015%。不同的壁
芯比对膨胀剂的影响程度不同,随着壁芯比增加,密封材料的膨胀率和孔隙度下

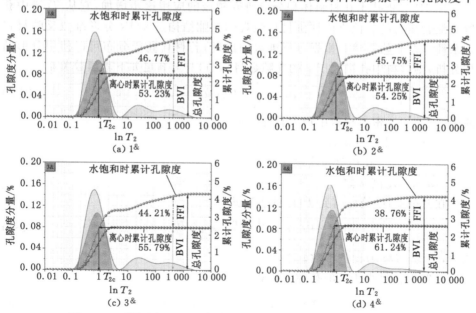

图 8-12　不同壁芯比延迟膨胀材料孔隙度分量与累计孔隙度曲线

降。材料的孔隙度分别为 4.41%、4.37%、4.24% 和 4.21%，与添加 0.015% 普通膨胀剂的材料相比，其孔隙度分别下降了 1.13%、2.05%、5.11% 和 5.82%。同时，壁芯比增加，代表材料中孔、大孔和裂隙的弛豫峰高度下降，材料吸附孔的比例增加，渗流孔的比例下降，渗流孔的比例分别下降了 0.47%、1.49%、3.03% 和 8.48%。

8.3　延迟膨胀对密封材料孔隙连通性的影响

8.3.1　分形维数理论

在研究材料微观孔隙结构时，虽然孔径、孔体积分数是重要参数，但其只能对提供材料的微观结构进行粗略表征，为了能够再现材料孔隙结构以补充多孔微结构特征，有必要引入一个可用的几何和数学模型，在这种情况下，分形几何可能是一个很好的选择。分形几何的分形没有一个确切正式的定义，其分形的数学概念很难解释，自芒德勃罗第一次提出分形理论的概念以来，分形理论在自然和相似材料学科的应用就引起广泛关注。由于材料结构的复杂性，使得分形维数特征理论在材料结构领域得以应用。分形是几何图形经过迭代过程进行构建，其中每个部分都类似于一般特征，很多学者用分形维数理论来表征材料的微观孔隙结构特征，是一种评价材料微观孔隙结构的有效方法。

NMR 分析技术在材料体积分形研究领域的应用逐步增加，它从 T_2 谱中获取毛细管压力的数值进而评价材料微观的孔隙结构。NMR 分形维数反映材料复杂性以及非均质性。根据分形维数的原理，若材料孔径分布可以使用分形结构分析，则材料中孔径大于 r 的孔隙数目 $N(r)$ 与 r 满足如下幂函数关系：

$$N(>r) = \int_r^{r_{max}} P(r)\mathrm{d}r = ar^{-D} \tag{8-3}$$

式中　r_{max}——密封材料中最大孔隙半径；

　　　D——孔隙分维数；

　　　$P(r)$——孔径分布密度函数；

　　　a——比例常数。

在式(8-3)中简化得到 $P(r)$ 的表达式：

$$P(r) = \frac{\mathrm{d}N(r)}{\mathrm{d}r} = a'r^{-D-1} \tag{8-4}$$

式中，$a' = -Da$ 为比例常数。

材料中孔径小于 r 的孔隙总体积表示为：

$$V(<r) = \int_{r_{min}}^r P(r)ar^3\mathrm{d}r \tag{8-5}$$

式中　a——与孔隙形状有关的常数（立方体 $a=1$，球形 $a=4\pi/3$）；

　　　$r_{\min}$——最小孔隙半径。

将式(8-4)代入式(8-5)积分可得：

$$V(<r) = a''(r^{3-D} - r_{\min}^{3-D})\qquad(8-6)$$

所以材料的总孔隙体积为：

$$V_S = V(<r_{\min}) = a''(r_{\max}^{3-D} - r_{\min}^{3-D})\qquad(8-7)$$

结合式(8-6)和式(8-7)可得 S_V 的表达式为：

$$S_V = \frac{V(<r)}{V_S} = \frac{r^{3-D} - r_{\min}^{3-D}}{r_{\max}^{3-D} - r_{\min}^{3-D}}\qquad(8-8)$$

由于在材料中 $r_{\max}$ 远大于 $r_{\min}$，故上式可简化为：

$$S_V = \frac{r^{3-D}}{r_{\max}^{3-D}}\qquad(8-9)$$

式(8-9)为材料孔隙分布的分形几何公式。

毛细管压力与孔径的关系为：

$$p_c = \frac{2\sigma\cos\theta}{r}\qquad(8-10)$$

式中　σ,θ——代表液体的表面张力和接触角；

　　　p_c——孔径 r 相对应的毛细管压力。

由式(8-4)、式(8-9)、式(8-10)可得：

$$S_V = \left(\frac{p_c}{p_{c\min}}\right)^{D-3}\qquad(8-11)$$

式中　$p_{c\min}$——材料中最大孔径 $r_{\max}$ 相对应的毛细管压力；

　　　S_V——毛细管压力为 p_c 时材料中润湿相所占的孔隙体积分数。

式(8-11)为材料毛细管压力曲线的分形几何公式，在一定程度上反映材料的孔隙结构，有关系式：

$$p_c = C\frac{1}{T_2}\qquad(8-12)$$

可以看出 T_2 和 p_c，$p_{c\min}$ 对应 $T_{2\max}$，因此可得下式：

$$S_V = \left(\frac{T_{2\max}}{T_2}\right)^{D-3}\qquad(8-13)$$

将式(8-13)两边取对数得：

$$\ln S_V = (3-D)\ln T_2 + (D-3)\ln T_{2\max}\qquad(8-14)$$

从方程中可以看出，当材料的孔隙结构符合分形几何时，$\ln S_V$ 与 $\ln T_2$ 呈线性关系，因此，基于 NMR 测试的分形维数 D 可表示为：

$$D = 3 - \frac{\ln S_V}{\ln T_2 - \ln T_{2\max}}\qquad(8-15)$$

8.3.2 密封材料的核磁共振分形维数特征分析

图 8-13 为材料基于核磁共振图谱在不同形式计算的分形维数特征,实验组与 4.1 小节和 4.2 小节中一致。根据 S_v 和 T_2 的对数关系,将关系曲线分为两段,由于 T_{2c} 是区分材料中自由水孔隙和束缚水孔隙的分界,所以将材料孔隙分为吸附孔隙和渗流孔隙。通过以 T_{2c} 为界限的左右两段,分别计算了基于吸附孔隙相关的和基于渗流孔隙相关的分形维数。这样根据水在材料中赋存的状态将实验材料的核磁共振分形维数划分为基于饱和水状态的 D_w、束缚水状态的

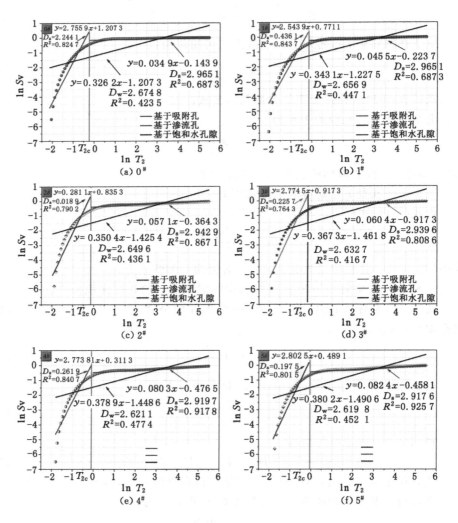

图 8-13　普通膨胀材料分形维数

D_a 和自由水状态的 D_s,分别对应材料中的总孔隙、吸附孔和渗流孔隙的分形维数特征。

根据分形维数理论,材料中孔隙结构的分形维数值在 2～3 之间才有意义。材料中基于吸附孔的分形维数值 D_a(0.018 9～0.555 4)小于 2,不具备分形特征。为此,将不展开基于吸附孔隙的分形维数讨论。在图 8-13 中,材料基于总孔隙相关的分形维数 D_w(2.611 9～2.674 8)平均值为 2.641 8,基于渗流孔的分形维数 D_s(2.970 1～2.917 6)平均值 2.940 2。二者分形维数值均在 2～3 之间,故符合分形维数特征。基于渗流孔隙的分形维数线性拟合的相关系数(0.687 3～0.944 5)均大于总孔隙孔径分形维数拟合的相关系数(0.414 1～0.477 4),表明渗流孔隙的孔隙分布具有更明显的分形特征。

根据图 8-14,基于总孔隙的分形维数 D_w 和基于渗流孔隙的分形维数 D_s 与膨胀剂添加量的关系。分形维数的数值可以表征材料中孔隙结构吸附气体的能力及其复杂程度,分形维数越小,各向异性越弱,材料孔隙结构越均匀,孔隙之间的连通性越好。反之,分形维数越接近 3,材料孔隙结构越复杂,各向异性越强,D_w 和 D_s 与膨胀剂的含量呈负相关。传统密封材料的 D_w 与 D_s 分别为 2.674 8 和 2.965 1,随着膨胀剂增多,分形维数逐渐减小,材料 1# 至 5# 的分形维数 D_s 分别为 2.954 5、2.942 9、2.939 6、2.919 7 和 2.917 6,同比减少 0.36%、0.75%、0.86%、1.53% 和 1.61%,分形维数 D_w 大小分别为 2.656 9、2.649 6、2.632 7、2.621 1 和 2.619 8,同比减少 0.67%、0.94%、1.57%、2.01% 和 2.06%,这表明孔隙结构变得均匀,孔隙通道连通性增强,有利于气体的通过。

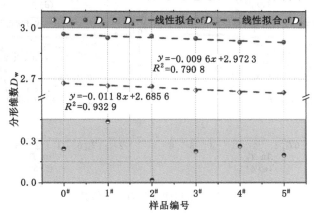

图 8-14　普通膨胀材料分形维数的关系

图 8-15 为延迟膨胀密封材料基于核磁共振图谱在不同形式下计算的分形维

数特征。与普通膨胀材料相比,含有相同膨胀剂含量的延迟膨胀材料的孔隙复杂程度更高,材料各向异性增强,材料 1# 至 5# 的分形维数 D_s 分别为 2.960 1、2.949 6、2.940 2、2.930 4 和 2.929 8,分形维数 D_w 分别为 2.665 8、2.659 7、2.644 2、2.632 4、2.625 5,均高于普通膨胀材料。

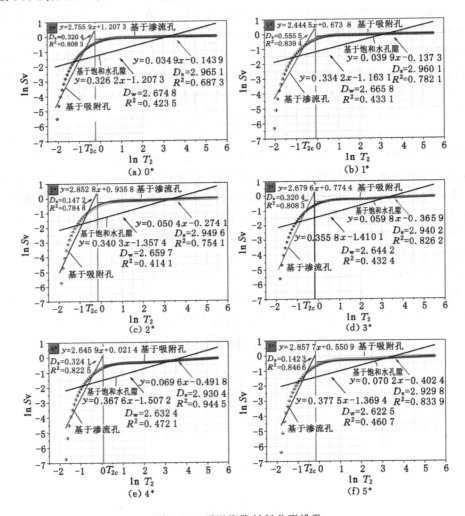

图 8-15　延迟膨胀材料分形维数

对二者进行比较,将膨胀率与分形维数的关系进行拟合。图 8-16 为材料膨胀率与分形维数 D_s 的拟合曲线,方形点为普通膨胀材料膨胀率与分形维数 D_s 对应点,圆点为微胶囊材料膨胀率与分形维数 D_s 对应点,二者线性拟合的拟合度分别为 0.924 3 和 0.898 5,拟合度较高。普通膨胀材料膨胀率与分形维数 D_s 拟合曲线的斜率为 0.004 9,高于微胶囊材料膨胀率与分形维数 D_s 拟合曲线的斜率,前者体积膨胀造成的分形维数下降幅度要大于后者,在相同的体积下,微胶囊材料的分形维数要低于普通膨胀材料,材料的孔隙连通性变差,煤层气不易流通,有利于提高煤层气抽采效率。

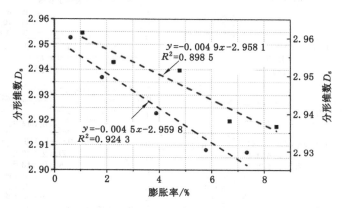

图 8-16　材料膨胀率与分形维数 D_s 的拟合曲线

　　图 8-17 为不同壁芯比延迟膨胀材料基于核磁共振图谱在不同形式计算的分形维数特征,四种材料的壁芯比分别为 0.6、0.8、1.0 和 1.2,膨胀剂比例均为 0.015%。不同的壁芯比对膨胀剂的影响程度不同。材料的分形维数 D_s 为 2.940 1、2.941 3、2.942 8 和 2.955 5,分形维数 D_w 为 2.644 2、2.651 2、2.654 1 和 2.659 8,均高于普通膨胀材料,随着壁芯比增加,密封材料的分形维数上升。

8.3.3　密封材料参数与分形维数的关系

　　图 8-18 为膨胀率、孔隙度与分形维数 D_w、D_s 的关系图。孔隙度与分形维数 D_w、D_s 呈负相关。在材料中与吸附孔相关的微孔和小孔占较大比表面,增加了孔隙分布的复杂性,而较大的孔隙和裂隙与渗流孔隙有关,减少了比表面积和孔隙分布的复杂性。随着膨胀剂增加,材料中 H_2 生成,膨胀剂能和 H_2 气体的作用,使材料内部结构遭到破坏,材料的孔隙比表面积减小,还使得本不相关的裂隙贯穿连接,最终导致材料总孔隙度增加,渗流孔隙比增大,吸附孔隙比减小,孔隙分布的复杂性下降。因此材料孔隙度、膨胀率与分形维数的关系总是趋势相反,材料膨胀体积越多,孔隙度越大,其分形维数越小。延迟膨胀能减弱膨胀能对材料的破坏,此时的材料具有一定的强度,生成的气体很难在材料内部流通,孔隙的孔径拓宽难度增加,裂隙间不易贯穿连接,因此材料孔隙度较低,分形维数高。

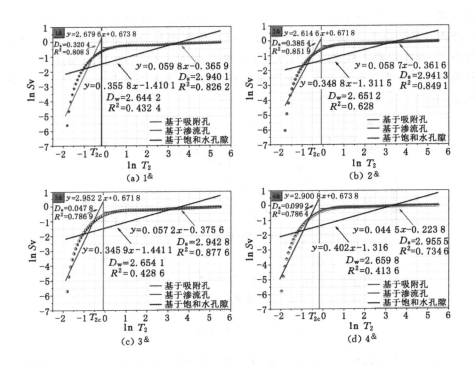

图 8-17　不同壁芯比延迟膨胀材料分形维数

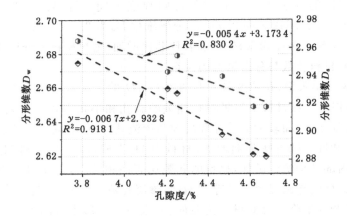

图 8-18　孔隙度与分形维数之间的关系

图 8-19 为峰值应力与分形维数 D_w、D_s 的关系图。峰值应力与分形维数 D_w、D_s 呈正相关。膨胀率增加,使得材料内部骨料与黏合剂之间的联系减弱,材

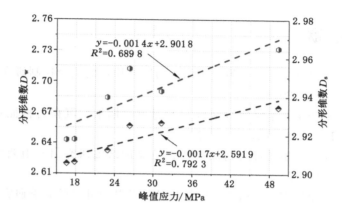

图 8-19　峰值应力与分形维数之间的关系

料孔隙度增加,孔隙复杂程度下降,其内部的裂隙数量上升,当受到外力作用时,裂隙发展的源头数量增加,材料结构更容易遭到破坏,直观表现为材料峰值应力下降。

8.4　本章小结

　　本章主要介绍了普通膨胀剂和延迟膨胀剂对密封材料力学性质、孔隙结构以及孔隙连通性的影响。

　　(1)膨胀剂破坏材料强度,膨胀率越大材料强度下降越明显,延迟膨胀减弱膨胀剂负面影响,相同体积变化下,微胶囊材料的峰值应力明显高于普通密封材料,性能更优越。

　　(2)使用核磁共振技术探究膨胀剂对材料孔隙变化的影响。材料体积膨胀,导致其孔隙度下降,渗流孔比例上升,吸附孔比例下降。当材料体积膨胀8.47%,孔隙度下降23.79%,渗流孔比例由37.29%增加到51.39%。延迟膨胀增强材料致密性,降低材料孔隙数量。

　　(3)膨胀导致密封材料分形维数下降,分形维数与孔隙连通性有关,其数值越大代表孔隙各向异性越强,孔隙越复杂,在相同的膨胀率下,微胶囊材料的分形维数 D_w 和 D_s 要高于添加普通膨胀材料。

　　(4)实验结果表明,分型维数与孔隙度、膨胀率成线性负相关,与峰值应力成线性正相关。

参 考 文 献

[1] 苏学贵.特厚复合顶板巷道支护结构与围岩稳定的耦合控制研究[D].太原：太原理工大学,2013.

[2] 何佳伟.上扬子西南缘雷波地区 O-S 过渡时期细粒沉积岩特征及页岩气前景研究[D].成都:成都理工大学,2018.

[3] 王建科.煤层气钻井过程对储层伤害及保护措施研究[J].山西冶金,2019,42(5):93-94,97.

[4] 夏菁.非常规致密油藏微观孔隙结构特征及其对开发的影响研究[D].西安:西安石油大学,2016.

[5] 刘志军.温度作用下油页岩孔隙结构及渗透特征演化规律研究[D].太原:太原理工大学,2018.

[6] 吴俊臣.复杂环境下风积沙混凝土的耐久性能研究与寿命预测[D].呼和浩特:内蒙古农业大学,2018.

[7] 秦雷.液氮循环致裂煤体孔隙结构演化特征及增透机制研究[D].徐州:中国矿业大学,2018.

[8] 于国卿.超声波对煤体孔隙结构影响规律研究[D].徐州:中国矿业大学,2018.

第 9 章 煤层脉动压裂工程应用

脉动水力压裂技术的目标是解决现场生产过程中瓦斯治理的问题,增加瓦斯解吸、扩散、渗透特性。通过研究发现,脉动水力压裂在合理的脉动参量条件下可以促进瓦斯解吸,能够改善瓦斯扩散能力,提高瓦斯抽采的效果,达到区域瓦斯治理的目的。本章根据前文章节的理论研究,优化脉动参量配置,改善脉动压裂液特性,通过研制的脉动水力压裂设备,在山西长平煤业有限责任公司进行了脉动水力压裂工业性试验。

9.1 脉动水力压裂设备

脉动水力压裂技术是在常规水力压裂基础上发展而来的。它的主要设备包括压裂系统、管路系统、监测系统三个主要部分。

脉动水力压裂作业中压裂系统是核心部分,其中设备选型是关键。根据设计需要,压裂系统主要设备包括脉动注水泵、自动控制水箱、变频设备等。脉动注水泵脉冲强度:0~25 MPa;脉冲频率:0~1 460 次/min;输出流量:0~120 L/min;电机电压:660 V,功率:55 kW;电机调速方式:防爆变频调速;调速范围:140~1 200 r/min;水箱容积 1.5 m³。

为保证脉动水力压裂顺利进行,钻孔内采用无缝钢管,高压管路选用 1 英寸(约为 2.54 cm)高压胶管。监测系统保证脉动水力压裂过程中压力、注水量、注水时间等重要参数的读取,监测仪表主要包括压力表 3 块、流量计 1 块、溢流阀 1 组、秒表 1 块等。为更好控制脉动水力压裂过程中脉动压力,研发出溢流阀,该设备能控制液压系统在达到调定压力时保持恒定状态。用于过载保护的溢流阀称为安全阀。当系统发生故障,压力升高到可能造成破坏的限定值时,阀口会打开而溢流,以保证系统的安全,主要用在脉动水力压裂泵站的管路上,作为超压保护装置见图 9-2 和图 9-3。

脉动水力压裂工业性试验在山西长平煤业有限责任公司长平矿 43062 巷进

图 9-1　脉动水力压裂设备

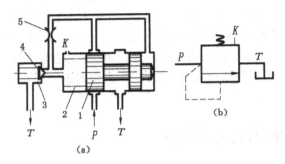

1—主阀芯；2—复位弹簧；3—调压弹簧；4—先导阀芯；5—阻尼孔。

图 9-2　溢流阀的工作原理图

图 9-3　溢流阀实物图

行。共试验压裂孔 10 个，单孔压裂深度 100～150 m。

9.2　工作面概况

　　长平井田内共含 4 层全区可采或局部可采煤层,自上而下分别为山西组的 2、3 号煤层和太原组的 8、15 号煤层,其赋存特征如表 9-1 所列。

表 9-1　可采煤层表

煤层编号	煤层厚度/m 最小—最大 平均	煤层间距/m 最小—最大 平均	煤层结构 矸石层数	煤层结构 类别	顶板岩性	底板岩性	可采性
2	$\dfrac{0.30-3.02}{0.94}$	$\dfrac{9.40-25.69}{20.68}$	0	简单	泥岩 砂质泥岩粉砂岩	泥岩 砂质泥岩	局部可采
3	$\dfrac{4.60-6.35}{5.58}$	$\dfrac{4.71-23.57}{18.68}$	0～2	简单	泥岩 砂质泥岩	黑色泥岩 砂质泥岩 粉砂岩	全区可采
8	$\dfrac{0.00-2.85}{1.22}$	$\dfrac{30.53-41.07}{37.13}$	0～2	简单	泥岩 砂质泥岩	泥岩 砂质泥岩	局部可采
15	$\dfrac{2.20-5.75}{4.18}$	$\dfrac{38.92-70.79}{50.32}$	2～3	复杂	泥岩 钙质泥岩	泥岩	全区可采

　　脉动水力压裂试验在 3 煤层四盘区 4306 工作面 43062 巷作业,工作面煤层原煤瓦斯含量为 3.92～23.62 m³/t,平均 13.77 m³/t;煤层原始瓦斯压力 0.55 MPa;煤层透气性系数为 0.011 6～0.052 0 m²/(MPa²·d);瓦斯放散初速度为 14.3～20.6 mL/s。

　　43061、43062 巷北部为胶轮车大巷、东部为 4304 工作面,南部为矿界,西部尚未布置工作面。43061、43062 巷分别为 4306 工作面的进风巷和回风巷,两巷间距 70 m,按设计每掘进 80 m 施工联络横川。43061、43062 巷均沿顶板下山掘进,巷道高 3.9 m,宽 5.6 m,煤层平均总厚 5.67 m。

9.3　脉动水力压裂技术优化

　　通过研究发现,脉动水力压裂在合理的脉动参量条件下可以促进瓦斯解吸,能够改善瓦斯扩散能力,提高瓦斯抽采的效果,达到区域瓦斯治理的目的。根据以上章节的理论研究,优化脉动参量配置,改善脉动压裂液特性。

9.3.1　脉动频率及脉动峰值压力的优化

　　煤矿现场脉动水力压裂工业性试验过程中,选择增加脉动频率比增加脉动

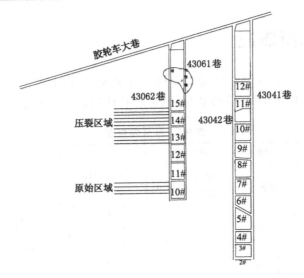

图 9-4　工作面巷道布置

峰值压力要更容易达到强化瓦斯抽采的效果。不同变质程度的煤层,采用 0 Hz 的静压压裂,以及低压-低频方式的脉动压裂时,瓦斯综合解吸变化量 $Q_{变}$ 均出现负值,说明在采用静压压裂和低压-低频的脉动压裂会抑制瓦斯的解吸。继续增加脉动参量,$Q_{变}$ 为正值,低压-高频、高压-低频和高压-高频条件下的脉动压裂均可以满足促进瓦斯解吸的效果。

　　煤样被压裂后,水分进入煤样内部孔隙,脉动水力压裂工业性试验后期会封堵瓦斯扩散的通道,但是,选择合理的脉动压裂方式,瓦斯扩散特性会得到改善,瓦斯扩散阻力减小,扩散能力增加。在高压-高频条件下的脉动水力压裂扩散阻力小于静压压裂扩散阻力,瓦斯扩散能力大于静压压裂。

　　因此,若从促进瓦斯解吸和有利于瓦斯扩散两个方面考虑,可以应用高压-高频的脉动水力压裂方式。若从促进瓦斯解吸的角度考虑,低压-高频、高压-低频、高压-高频三种脉动水力压裂方式均可应用,优化脉动参量。

9.3.2　脉动压裂液的优化

　　阴离子表面活性剂 SDS 溶液在煤表面形成的黏附功最小,说明阴离子表面活性剂溶液与煤表面分离所需要的可逆功最小;同时,表面活性剂 SDS 溶液降低毛细管力幅度最大,因此,其降低脉动压裂液滞留效应程度最大。

　　所以,在煤矿现场脉动水力压裂工业性试验过程中,可以选择阴离子表面活性剂 SDS 作为清洁压裂液的最佳表面活性剂添加剂,且其合理浓度为临界胶束浓度 0.022%,优化脉动压裂液,在一定的抽采负压条件下能够最大限度地提高液相滞留效应解除率。

9.4　压裂钻孔间距的微震测定方法

压裂钻孔间距的设计直接关系着瓦斯的治理效果。钻孔间距过小易发生钻孔的串孔,间距过大,会导致抽采空白带的产生。因此,确定合理的钻孔间距是腐蚀压裂技术中一个关键所在。钻孔合理间距的确定方法:采用微震监测与瓦斯流量法两者相结合的技术确定钻孔有效影响范围,进而确定钻孔间距。

9.4.1　微震监测钻孔影响范围原理

微震监测钻孔技术是利用孔周煤体受力变形和破坏过程中发射出的声波和微震来进行监测孔周煤体稳定性的技术方法。声发射事件的产生主要是由于钻进扰动或脉动压裂影响引起孔周煤体内部微裂纹的位错。孔周煤体在荷载作用下,当煤体的强度小于所受的外部荷载时,在煤体内部出现初始裂纹;当孔周煤体内部的微裂纹发生脆性断裂时,将迅速产生不同频率的弹性波,此弹性波在煤体内向四周传播,并不断反射、折射。微震事件定位原理如图 9-5 所示。

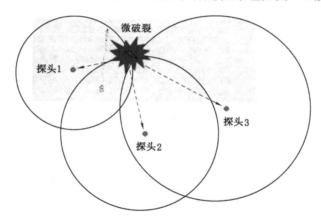

图 9-5　微震事件定位原理图

9.4.2　微震监测系统的建立及现场实施方案

YTZ-3 型微震监测系统,如图 9-6 所示,硬件部分主要由采集仪、传感器和电缆线等部件组成;软件部分主要包括采集仪配置软件、数据解编软件和数据处理软件。

在井下进行现场调研,最终选取钻孔周围煤壁布置传感器,以钻孔为核心,四周布置 4 个传感器,钻孔上下间传感器间距为 4 m,左右间隔 3 m,如图 9-7 所示。

（a）硬件组成

（b）采集仪控制软件

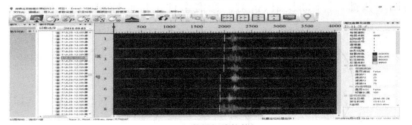

（c）数据解编软件

图 9-6　YTZ-3 型微震监测系统

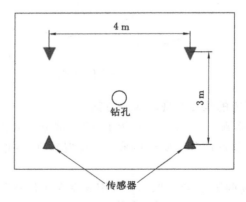

图 9-7　传感器布设

将传感器布置在锚杆上,传感器通过传感器转接头与锚杆连接。每个采集仪配备的 2 个传感器分别连接在电缆线靠近采集仪的 2 个接口上,如图 9-8 所示。

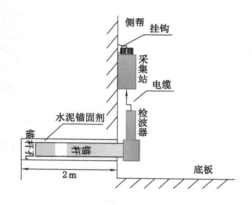

图 9-8　传感器安装示意图

9.4.3　钻孔微震事件的分布情况

微震监测腐蚀压裂钻孔 6 个,各个钻孔的三维视图、俯视图、侧视图和主视图,如图 9-9 所示,其中,圆球代表工作面钻孔施工时引起的微破裂事件,圆球在坐标系中的位置即表示微破裂发生的位置,图 9-9 中的三角标志表示微震事件在三个坐标平面上的投影位置,从监测数据中选取关键时间段内的典型微震监测结果,并对结果进行分析。

如图 9-9 所示,1# 压裂钻孔系统监测到的不同位置的微震事件共计 646 个,整体布局随钻孔的施工走向呈"一"字形,监测到的微震事件在钻孔轴向方向上共持续约 46 m 左右,其中钻孔靠近施工侧微震事件分布相对较密集,远离施工侧微震事件分布相对较稀疏。在 1# 压裂钻孔的三维视图、俯视图及侧视图中都可以明显地观察到普通钻孔打钻产生的微震事件分布图中,微震事件分布较均匀,且径向方向上微震事件的分布情况也有很好的规律性,能根据微震事件的位置大致判断钻孔的轨迹走向。在俯视图中,微震事件在轴向方向上方向性良好,表明钻孔径向方向上的偏移量较小;主视图中,微震事件大多分布在宽度为12.51 m 的范围内,微震事件整体分布大致呈正圆状,其中左上方和下方有部分微震事件凸出,判断是钻孔轨迹偏移导致;侧视图中,1# 压裂钻孔周围的微震事件有略微向下偏移的趋势,表明在垂直方向上,1# 压裂钻孔的轨迹向下发生一定的偏移。整个监测过程中采集仪供电正常,传感器位置固定良好,监测系统运行稳定,监测数据有较高的参考价值。

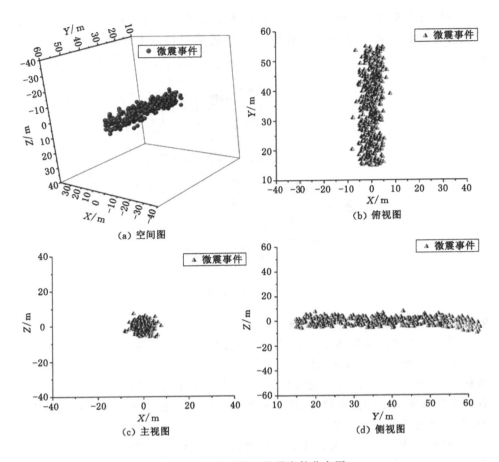

（a）空间图

（b）俯视图

（c）主视图

（d）侧视图

图 9-9 1#压裂钻孔微震事件分布图

如图 9-10 所示，2#压裂钻孔系统监测到的不同位置的微震事件共计 589 个，整体布局随钻孔的施工走向呈"一"字形，监测到的微震事件在钻孔轴向方向上共持续约 70 m 左右，其中钻孔靠近施工侧微震事件分布相对较密集，远离施工侧微震事件分布相对较稀疏。在 2#压裂钻孔的三维视图、俯视图及侧视图中都可以明显地观察到普通钻孔打钻产生的微震事件分布图中，微震事件分布较均匀，且径向方向上微震事件的分布情况也有很好的规律性，能根据微震事件的位置大致判断钻孔的轨迹走向。在俯视图中，微震事件在轴向方向上方向性良好，表明钻孔径向方向上的偏移量较小；主视图中，微震事件大多分布在宽度为 11.53 m 的范围内，微震事件整体分布大致呈正圆状；侧视图中，2#压裂钻孔周围的微震事件整体呈一个长方形，表明在垂直方向上，2#压裂钻孔的轨迹没有发生偏移。整个监测过程中采集仪供电正常,传感器位置固定良好,监测系统运行稳定,监测数据有较高的参考价值。

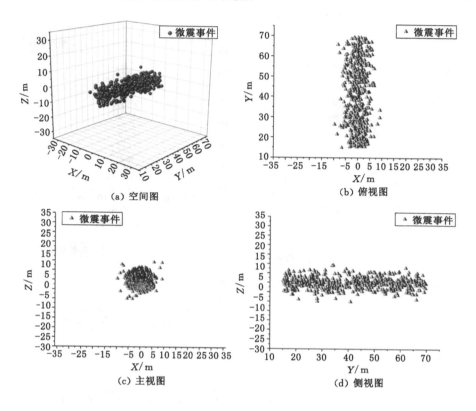

（a）空间图　　（b）俯视图

（c）主视图　　（d）侧视图

图 9-10 2#压裂钻孔微震事件分布图

如图 9-11 所示,3# 压裂钻孔系统监测到的不同位置的微震事件共计 728 个,整体布局随钻孔的施工走向呈"一"字形,监测到的微震事件在钻孔轴向方向上共持续约 57 m 左右,其中钻孔靠近施工侧微震事件分布相对较密集,远离施工侧微震事件分布相对较稀疏。在 3# 压裂钻孔的三维视图、俯视图及侧视图中都可以明显地观察到普通钻孔打钻产生的微震事件分布图中,微震事件分布较均匀,且径向方向上微震事件的分布情况也有很好的规律性,能根据微震事件的位置大致判断钻孔的轨迹走向。在俯视图中,微震事件在轴向方向上方向性良好,表明钻孔径向方向上的偏移量较小;主视图中,微震事件大多分布在宽度为 10.26 m 的范围内,微震事件整体分布大致呈正圆状,其中左上方和下方有部分微震事件凸出,判断是钻孔轨迹偏移导致;侧视图中,3# 压裂钻孔周围的微震事件有略微向下偏移的趋势,表明在垂直方向上,3#压裂钻孔的轨迹向下发生一定的偏移。整个监测过程中采集仪供电正常,传感器位置固定良好,监测系统运行稳定,监测数据有较高的参考价值。

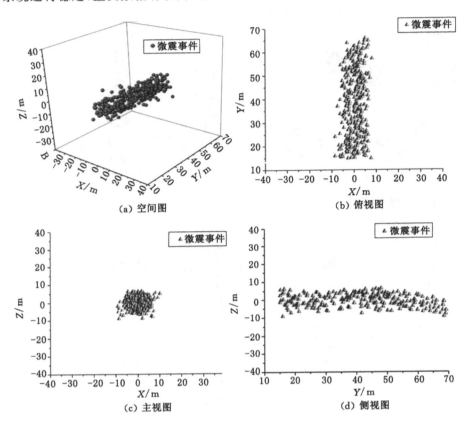

图 9-11　3#压裂钻孔微震事件分布图

如图 9-12 所示,4#压裂钻孔系统监测到的不同位置的微震事件共计688 个,整体布局随钻孔的施工走向呈"一"字形,监测到的微震事件在钻孔轴向方向上共持续约 68 m 左右,其中钻孔靠近施工侧微震事件分布相对较密集,远离施工侧微震事件分布相对较稀疏。在 4#压裂钻孔的三维视图、俯视图及侧视图中都可以明显地观察到普通钻孔打钻产生的微震事件分布图中,微震事件分布较均匀,且径向方向上微震事件的分布情况也有很好的规律性,能根据微震事件的位置大致判断钻孔的轨迹走向。在俯视图中,微震事件在轴向方向上方向性良好,表明钻孔径向方向上的偏移量较小;主视图中,微震事件大多分布在宽度为 11.38 m 的范围内,微震事件整体分布大致呈正圆状;侧视图中,4#压裂钻孔周围的微震事件呈一个长方形,表明钻孔走向很好,没有发生偏移。整个监测过程中采集仪供电正常,传感器位置固定良好,监测系统运行稳定,监测数据有较高的参考价值。

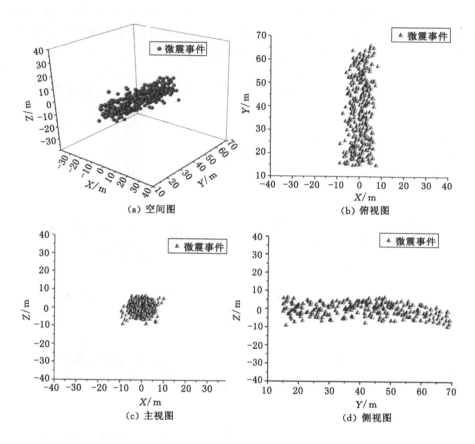

(a) 空间图 (b) 俯视图

(c) 主视图 (d) 侧视图

图 9-12 4#压裂钻孔微震事件分布图

如图 9-13 所示,5#压裂钻孔系统监测到的不同位置的微震事件共计676 个,整体布局随钻孔的施工走向呈"一"字形,监测到的微震事件在钻孔轴向方向上共持续约 73 m 左右,其中钻孔靠近施工侧微震事件分布相对较密集,远离施工侧微震事件分布相对较稀疏。在 5#压裂钻孔的三维视图、俯视图及侧视图中都可以明显地观察到普通钻孔打钻产生的微震事件分布图中,微震事件分布较均匀,且径向方向上微震事件的分布情况也有很好的规律性,能根据微震事件的位置大致判断钻孔的轨迹走向。在俯视图中,微震事件在轴向方向上方向性良好,表明钻孔径向方向上的偏移量较小;主视图中,微震事件大多分布在宽度为 10.82 m 的范围内,微震事件整体分布大致呈正圆状,其中左上方和右下方有部分微震事件凸出,判断是钻孔轨迹偏移导致;侧视图中,5#压裂钻孔周围的微震事件有略微向下偏移的趋势,表明在垂直方向上,5#压裂钻孔的轨迹向下发生一定的偏移。整个监测过程中采集仪供电正常,传感器位置固定良好,监测系统运行稳定,监测数据有较高的参考价值。

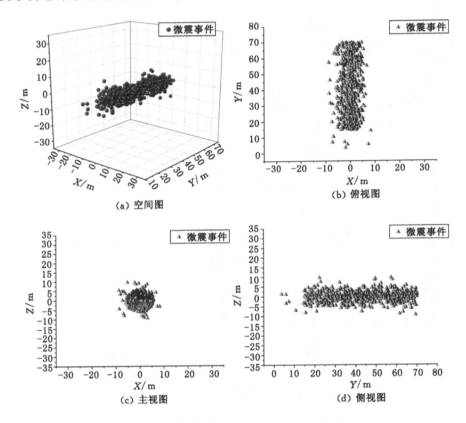

（a）空间图　　　　　（b）俯视图

（c）主视图　　　　　（d）侧视图

图 9-13　5#压裂钻孔微震事件分布图

　　如图 9-14 所示,6#压裂钻孔系统监测到的不同位置的微震事件共计592 个,整体布局随钻孔的施工走向呈"一"字形,监测到的微震事件在钻孔轴向方向上共持续约 69 m 左右,其中钻孔靠近施工侧微震事件分布相对较密集,远离施工侧微震事件分布相对较稀疏。

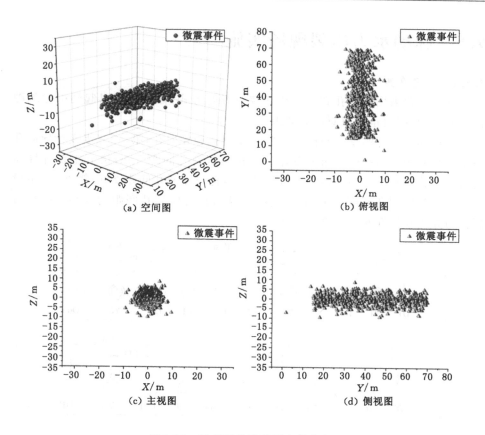

图 9-14　6#压裂钻孔微震事件分布图

在 6#压裂钻孔的三维视图、俯视图及侧视图中都可以明显地观察到普通钻孔打钻产生的微震事件分布图中,微震事件分布较均匀,且径向方向上微震事件的分布情况也有很好的规律性,能根据微震事件的位置大致判断钻孔的轨迹走向。在俯视图中,微震事件在轴向方向上方向性良好,表明钻孔径向方向上的偏移量较小;主视图中,微震事件大多分布在宽度为 11.72 m 的范围内,微震事件整体分布大致呈正圆状,其中下方有部分微震事件凸出,判断是钻孔轨迹偏移导致;侧视图中,6#压裂钻孔周围的微震事件有略微向下偏移的趋势,表明在垂直方向上,6#压裂钻孔的轨迹向下发生一定的偏移。整个监测过程中采集仪供电正常,传感器位置固定良好,监测系统运行稳定,监测数据有较高的参考价值。

9.5 脉动水力压裂现场实施

9.5.1 钻孔布置

钻孔布置采用压裂孔和导向孔交替布置的形式,导向孔可以起到引导裂隙扩展的作用,同时也可以对压裂效果进行考察。

根据巷道实际情况,设计 10 组脉动压裂孔和导向孔,第一、二组设计导向孔与压裂孔间距 3 m;第三、四组设计导向孔与压裂孔间距 5 m;第五组设计导向孔与压裂孔间距为 8 m;第六、七组设计导向孔与压裂孔间距 2 m;第八、九组设计导向孔与压裂孔间距 4 m;第十组设计导向孔与压裂孔间距为 6 m。脉动压裂孔与导向孔钻孔布置如图 9-15 所示。

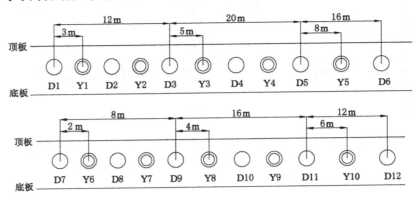

图 9-15 压裂孔和导向孔钻孔布置图

在脉动水力压裂作业过程中,先施工导向孔 D1,然后依次施工 Y1、D2、Y2、D3、Y3、D4、Y4、D5、Y5、D6、D7、Y6、D8、Y7、D9、Y8、D10、Y9、D11、Y10、D12。其中,D1~D12 为导向孔,Y1~Y10 为压裂孔。

采用 ϕ125 mm 的钻头,在巷帮上施工钻孔,脉动压裂孔与导向孔设计参数见表 9-2 所列。

表 9-2 脉动压裂孔与导向孔设计参数

位置	类型	倾角/(°)	方位角/(°)	孔径/mm	孔深/m
43062 巷	压裂孔	2	270	125	150/100
	导向孔	2	270	125	150/100

9.5.2　钻孔密封工艺

钻孔密封采用本书研发的基于延迟膨胀剂的高压钻孔密封材料。施工完水力压裂孔后,将孔内粉尘和碎渣排净,用无缝钢管对该钻孔进行顺通,确定无阻碍物后方可开始进行孔内注浆段的封堵,在无缝钢管前端用聚氨酯堵头进行封堵。

脉动压裂孔封孔:压裂孔为近水平上行煤孔,对封孔质量和抗压能力要求很高。对于脉动压裂孔,采用基于延迟膨胀剂的高压钻孔密封材料密封,封孔深度保证 10 m 左右,具体如图 9-16 所示。

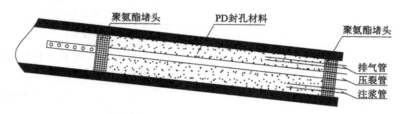

图 9-16　脉动压裂孔封孔工艺示意图

导向孔封孔:导向孔与该工作面原始煤层的普通瓦斯抽采钻孔封孔方法相同,采用基于延迟膨胀剂的高压钻孔密封材料密封,封孔深度为 10 m 左右。

9.5.3　脉动压裂过程

脉动水力压裂工业性试验在 43062 巷道实施,准备期共制定《43062 巷脉动水力压裂工业性试验方案设计》《脉动水力压裂工业性试验实施顺序》《43062 巷脉动水力压裂过程》《43062 巷脉动水力压裂封孔步骤》《脉动水力压裂安全措施》等 5 个工业性试验指导文件。

本次试验共布置 22 个钻孔,其中压裂孔 10 个,导向孔 12 个,压裂孔和导向孔交替布置。经过前期的准备,2015 年 2 月 25 日到 2015 年 3 月 24 日依次完成各个导向孔和压裂孔的封孔,封孔过程顺利。在 2015 年 3 月 21 日到 2015 年 4 月 5 日,对 Y1、Y2、Y3、Y4、Y5、Y6、Y7、Y8、Y9、Y10 压裂孔实施脉动压裂,压裂液改良浓度为 0.022% 的阴离子表面活性剂 SDS 溶液,平均压裂时间 30 min 左右,脉动频率 20 Hz,脉动峰值压力在 6～14 MPa,压裂过程顺利。

设备管路连接完毕后要进行确认检查,在实施压裂的过程中操作人员的安全防护以及现场安全联络等问题参照《脉动水力压裂安全措施》落实。准备工作完毕后开始实施压裂。压裂过程中,记录相关数据和现场情况,如表 9-3 所列。

表 9-3　脉动水力压裂过程概述

压裂孔	压裂时间/min	注水量/m³	脉动峰值压力/MPa	压裂过程
Y1	21	2.35	9	邻近 Y2 孔出水
Y2	42	4.95	6	2 次压力"降低-升高"过程;Y2 左边压裂孔 Y1 出水
Y3	39	4.47	10	Y3 右侧导向孔 D4 出水
Y4	34	3.94	14	压力"升高-降低-升高-升高"过程;Y4 右侧上方 16 m 处锚杆出水
Y5	33	3.91	12	Y5 右侧导向孔 D6 出水
Y6	26	2.92	6	持续 20 min 停泵
Y7	27	3.24	10	压裂孔 Y7 右侧 Y8 孔出水,且 Y7 右侧导向孔 D9 有水喷出
Y8	15	1.71	12	左侧导向孔 D9 出水;巷帮和顶板发生卸压响声
Y9	21	2.28	9	压裂孔右侧 5 m 处,锚杆出水
Y10	25	2.74	8	左侧导向孔 D11 出水

　　通过工业性试验现场情况得知,10 个压裂孔封孔效果达到要求,脉动压裂实现了压裂区域裂隙的扩展。压裂孔、导向孔及巷道锚杆等产生的自由面,实现了煤体内压裂区域裂隙的定向贯通,达到了理想效果。

9.6　工业性试验效果考察及分析

　　本次脉动压裂工业性试验效果主要从脉动水力压裂瓦斯抽采浓度、流量、煤层含水量及煤层透气性系数等 4 个方面进行考察。

9.6.1　抽采浓度变化特征及分析

　　在脉动水力压裂完成后,立即连接抽采管路,对压裂孔和导向孔施行瓦斯抽采,并对 4306 工作面脉动水力压裂未影响区域的原始煤层普通抽采钻孔瓦斯浓度进行对比,对比时间为脉动水力压裂后的 48 d 内。图 9-17 和图 9-18 所示,为脉动压裂孔与普通抽采孔瓦斯浓度对比情况;图 9-19 和图 9-20 所示,为导向孔与普通抽采孔瓦斯浓度对比情况。

　　由图 9-17 和图 9-18 可以看出,脉动水力压裂后压裂孔瓦斯抽采浓度要远远大于普通抽采钻孔,即实施脉动水力压裂之后的单孔瓦斯抽采浓度要远远大于没有实施脉动水力压裂的钻孔瓦斯浓度。在瓦斯抽采初期,压裂孔瓦斯浓度

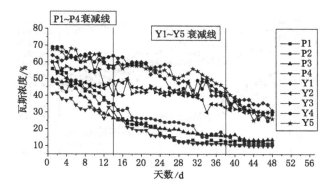

图 9-17　脉动压裂孔 Y1～Y5 与普通孔瓦斯浓度对比

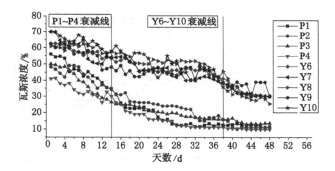

图 9-18　脉动压裂孔 Y6～Y10 与普通孔瓦斯浓度对比

均在 60%～70% 之间,最大浓度为 70%;而普通抽采钻孔瓦斯浓度在 40%～60% 之间。压裂孔初始瓦斯浓度为普通抽采钻孔瓦斯浓度的 1.2～1.8 倍。

　　随着时间的延长,瓦斯抽采浓度开始衰减,还可以看出普通抽采钻孔在 14 d 左右后瓦斯浓度明显衰减,到 30 d 后,瓦斯浓度均稳定在 10% 左右;而压裂孔瓦斯浓度在 38 d 后才进行衰减,且衰减后的瓦斯浓度均在 40% 左右。衰减后,压裂孔瓦斯稳定浓度是普通抽采孔瓦斯浓度的 4 倍左右。

　　由图 9-19 和图 9-20 可以看出,脉动水力压裂后导向孔瓦斯抽采浓度同样远远大于普通抽采钻孔。在瓦斯抽采初期,导向瓦斯浓度均在 65%～90% 之间,最大浓度为 89%;导向孔初始瓦斯浓度为普通抽采钻孔瓦斯浓度的 1.5～2.2 倍。随着时间的延长,导向孔瓦斯浓度在 34 d 后进行衰减,且衰减后的瓦斯浓度均在 50% 左右。衰减后,压裂孔瓦斯稳定浓度是普通抽采瓦斯浓度的 5 倍左右。

　　在瓦斯抽采过程中,定期对压裂孔和导向孔进行排水作业,在脉动水力压裂后 5 d、12 d、20 d、32 d、40 d 时均对压裂孔和导向孔进行排水。由图 6-7～

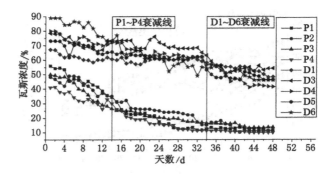

图 9-19　导向孔 D1～D6 与普通孔瓦斯浓度对比

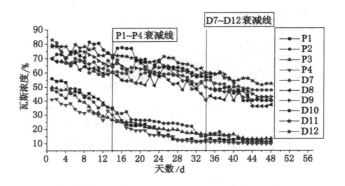

图 9-20　导向孔 D7～D12 与普通孔瓦斯浓度对比

图 6-10 可以看出,脉动水力压裂区域压裂孔和导向孔瓦斯抽采浓度波动较大,在每次钻孔排水后,瓦斯浓度均有不同程度的增加,表明水分的存在一定程度上封堵瓦斯运移通道,影响瓦斯的抽采。水分排出后降低了瓦斯在孔隙裂隙内的运移阻力,瓦斯浓度增加,在整个瓦斯抽采过程中出现浓度波动现象。

　　还可以看出,导向孔瓦斯抽采初始浓度在 65%～90% 之间,稳定浓度在 50% 左右;压裂孔瓦斯抽采初始浓度在 60%～70% 之间,稳定浓度在 40% 左右。导向孔瓦斯抽采的初始浓度和稳定浓度均要大于压裂孔瓦斯抽采浓度,这主要是因为在脉动水力压裂过程中,随着裂隙向导向孔方向定向扩展时,会置换-驱替一定瓦斯量向导向孔方向运移,使得在导向孔周围的瓦斯含量大于压裂孔周围瓦斯含量,因此,在瓦斯抽采过程中,导向孔瓦斯浓度要大于压裂孔瓦斯抽采浓度。

9.6.2 抽采流量变化特征及分析

如图 9-21 所示,为脉动水力压裂后以压裂孔 Y1、导向孔 D1 为例,与普通孔 P1、P2 的瓦斯抽采纯量对比情况。

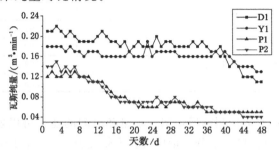

图 9-21 压裂孔和导向孔与普通孔瓦斯纯量对比

由图 9-21 可以看出,压裂孔和导向孔瓦斯纯量在 48 d 内明显高于普通孔 P1 和 P2 的瓦斯纯量,且导向孔的瓦斯纯量要高于压裂孔。普通孔的初始瓦斯纯量在 $0.12 \sim 0.16 \ m^3/min$ 之间,在第 14 天时,瓦斯纯量明显衰减,最终稳定在 $0.04 \sim 0.05$ 之间。而压裂孔和导向孔的瓦斯纯量衰减缓慢,在第 48 天时依然稳定在 $0.16 \sim 0.20$ 之间。从以上分析可以得出,脉动水力压裂后,压裂孔瓦斯纯量是普通孔瓦斯纯量的 $4 \sim 5$ 倍。

9.6.3 压裂区域含水量变化特征及分析

煤中水分大多采用间接测定方法,即将已知质量的煤样放在一定温度的烘箱或专用微波炉内进行干燥,根据煤样水分蒸发后的质量损失计算煤的水分。煤中水分测定方法有充氮干燥法、空气干燥法及微波干燥法。

采用空气干燥法,在压裂孔 Y3 和 Y4 之间,Y7 和 Y8 之间的两处脉动水力压裂工业性试验区域分三次取样,取样时间为脉动压裂后 1 d、15 d 和 30 d 时取样。取样后称取一定量的空气干燥煤样,放入 $105 \sim 110 \ ℃$ 的干燥箱,在空气流中干燥至质量恒定,然后根据煤样的质量损失计算出水分的百分含量。水分测定的重复性如表 9-4 规定,测定结果如表 9-5 所列。

表 9-4 煤的水分测定结果与重复性关系

水分 $M_{ad}/\%$	重复性/%
<5	0.2
5~10	0.3
>10	0.4

表 9-5 煤样分析结果

取样地点	取样时间/d	压裂前水分/%	压裂后水分/%
	1	1.97	3.46
43062 巷 Y3 与 Y4 压裂孔之间	15	1.97	2.81
	30	1.97	2.16
	1	1.83	3.28
43062 巷 Y7 与 Y8 压裂孔之间	15	1.83	2.52
	30	1.83	2.02

通过测定脉动水力压裂前后煤层含水量随时间的变化可以发现,实施脉动水力压裂工业性试验后,煤体水分含量出现较大幅度上升。在瓦斯抽采初期,含水量最大达到 3.46%,含水量增加 1.49%。随着瓦斯抽采时间的增加,煤层水分含量降低,在第 30 天时,煤层含水量在 2% 左右,此时的煤层含水量仅为煤层原始含水量的 1.1 倍左右。比不优化压裂液的压裂条件下[1],含水量减少 50%,说明添加阴离子表面活性剂 SDS 能够促进水分从煤层中排除,有利于瓦斯抽采。

9.6.4 煤层透气性系数变化特征及分析

煤层透气性系数是煤层瓦斯流动难易程度的标志,也是煤层卸压程度的重要标志之一。煤层透气性系数是煤层瓦斯流动难易程度的标志,也是煤层卸压程度的重要标志之一。测定方法采用非稳定径向流量法[2],其测定过程是在测定瓦斯压力的钻孔打开后 1~2 d,用湿式流量计测定不同时刻的钻孔瓦斯流量。由于钻孔打开后煤层中的瓦斯将向钻孔流动,钻孔周围煤层内的瓦斯流动场属于径向不稳定流动场。

根据这一特点,将测定的流量等数据代入以下计算公式,就可以计算煤层的透气性系数:

$$Q_N = a \cdot T_N^b \tag{9-1}$$

式中 Q_N——流量准数;

T_N——时间准数;

a, b——常数。

流量准数和时间准数的计算公式为:

$$Q_N = \frac{q \cdot r_1}{\lambda(p_0^2 - p_1^2)} \tag{9-2}$$

$$T_N = \frac{4 \cdot \lambda \cdot p_0^{1.5} \cdot t}{\alpha \cdot r_1^2} \tag{9-3}$$

$$q = \frac{Q}{2\pi \cdot r_1 L} \tag{9-4}$$

式中　q——煤暴露表面排放瓦斯时间为 t 时的比流量，$m^3/(m^2 \cdot d)$；

$\quad\quad Q$——在时间 t 时刻，钻孔瓦斯流量，m^3/d；

$\quad\quad L$——流场长度，一般等于煤层厚度，m；

$\quad\quad \lambda$——煤层透气性系数，$m^2/(MPa^2 \cdot d)$；

$\quad\quad p_0$——煤层原始瓦斯压力（绝对压力），MPa；

$\quad\quad p_1$——煤暴露表面的瓦斯压力（绝对压力），MPa；

$\quad\quad t$——排放瓦斯时间，d；

$\quad\quad \alpha$——煤层瓦斯含量系数，$m^3/(m^3 \cdot MPa^{0.5})$；

$\quad\quad r_1$——钻孔半径，m。

煤层透气性的计算公式如表 9-6 所列。

表 9-6　煤层透气性系数计算公式表

换算公式	T_N	a	b	计算公式
$A = \dfrac{q \cdot r_1}{p_0^2 - p_1^2}$	$10^{-2} \sim 1$	1	-0.38	$\lambda = A^{1.61}B^{\frac{1}{1.64}}$
	$1 \sim 10$	1	-0.28	$\lambda = A^{1.39}B^{\frac{1}{2.56}}$
$B = \dfrac{4 \cdot p_0^{1.5} \cdot t}{a \cdot r_1^2}$	$10 \sim 10^2$	0.93	-0.20	$\lambda = 1.1A^{1.25}B^{\frac{1}{4}}$
	$10^2 \sim 10^3$	0.588	-0.12	$\lambda = 1.83A^{1.14}B^{\frac{1}{7.3}}$
$T_N = B \cdot \lambda$	$10^3 \sim 10^5$	0.512	-0.10	$\lambda = 2.1A^{1.11}B^{\frac{1}{9}}$
	$10^5 \sim 10^7$	0.344	-0.065	$\lambda = 3.14A^{1.07}B^{\frac{1}{14.4}}$

在计算时，先任选一个公式求出 λ 值，再将计算结果代入 $T_N = B \cdot \lambda$，若 T_N 值与选用公式的 T_N 值范围符合，则公式选择正确。若不符合，则用已计算出的 T_N 范围就可找到合适的公式。

采用脉动水力压裂技术后，煤层的透气性也会发生相应的变化，透气性大大增加。测定脉动水力压裂影响区域 43062 巷煤层的透气性并与煤层原始的透气性比较，可以深入了解被压裂煤层所发生的变化。43062 巷煤层压裂后的透气性测定方法与测定原始透气性系数相同。利用以上公式测得 43062 巷煤层压裂后的透气性系数为 2.513 $m^2/(MPa^2 \cdot d)$，为可以抽采煤层，比煤层原始透气性系数增加了 48～217 倍。

9.7　本章小结

通过对山西长平煤业公司长平矿进行本煤层脉动水力压裂工业性试验，得到如下结论：

（1）脉动水力压裂在较小的脉动峰值压力条件下能够实现压裂区域裂隙的

扩展。压裂孔、导向孔及巷道锚杆等产生的自由面,实现了煤体内压裂区域裂隙的定向贯通,达到了理想效果。

(2) 脉动水力压裂后压裂孔和导向孔的瓦斯抽采浓度要远远大于普通抽采钻孔的瓦斯抽采浓度。在瓦斯抽采初期,压裂孔瓦斯浓度均在 60%～70% 之间,最大浓度为 70%;导向孔瓦斯浓度均在 65%～90% 之间,最大浓度为 89%。而普通抽采钻孔瓦斯浓度在 40%～60% 之间。压裂孔和导向孔初始瓦斯浓度分别为普通抽采钻孔瓦斯浓度的 1.2～1.8 倍和 1.5～2.2 倍。

(3) 随着时间的延长,瓦斯抽采浓度开始衰减,普通抽采孔的衰减时间为压裂后 14 d 左右;压裂孔和导向孔的衰减时间分别为压裂后 38 d 和 34 d 左右,瓦斯浓度分别稳定在 40% 和 50% 左右。压裂孔和导向孔瓦斯稳定浓度分别为普通抽采孔的 4 倍和 5 倍左右。由于脉动水力压裂对瓦斯的置换-驱替特性,在瓦斯抽采过程中,导向孔瓦斯浓度要大于压裂孔瓦斯抽采浓度。

(4) 压裂孔和导向孔瓦斯纯量明显高于普通孔的瓦斯纯量,且由于置换-驱替作用使导向孔的瓦斯纯量高于压裂孔。压裂孔和导向孔的瓦斯纯量衰减缓慢,稳定在 0.16～0.20 之间。脉动水力压裂后,压裂孔和导向孔瓦斯纯量是普通孔瓦斯纯量的 4～5 倍。

(5) 实施脉动水力压裂工业性试验后,煤体水分含量出现较大幅度上升。在瓦斯抽采初期,含水量最大达到 3.46%。随着瓦斯抽采时间的增加,煤层水分含量降低,在第 30 天时,煤层含水量在 2% 左右,此时的煤层含水量仅为煤层原始含水量的 1.1 倍左右。

(6) 43062 巷煤层压裂后的透气性系数为 2.513 $m^2/(MPa^2 \cdot d)$,为可抽采煤层,比煤层原始透气性系数增加了 48～217 倍。

参 考 文 献

[1] 李贤忠.高压脉动水力压裂增透机理与技术[D].徐州:中国矿业大学,2013.

[2] 赵太保,林柏泉."三软"不稳定低透气性煤层开采瓦斯涌出及防治技术[M].徐州:中国矿业大学出版社,2007:29-37.